학습지는 기탄! 학습효과가 말해 줍니다

기탄은 20여 년 가까이 어린이 교육만 생각했습니다

기탄은 어린이의 기초실력을 탄탄하게 키우겠다는 의지를 담아 회사의 이름을 '기초 탄탄' 의 줄임말인 '기탄' 으로 삼은 이래, 20여 년 가까이 유아와 초등학생용 학습교재 개발에만 일념을 다했습니다. 그 결과 「기탄학습지」는 기존에 서점에는 없었던 단계별 프로그램식 학습지를 제일 처음 선보이며 학부모님들로부터 최고의 학습지로 인정받게 되었습니다.

학습지의 명품, 따라한다고 그 학습효과와 가치까지 흉내 낼 수 없습니다

기탄의 학습지 시리즈가 학부모님들로부터 큰 호평을 받으면서, 최근 서점에는 기탄과 유사한 학습지들이 쏟아져 나오고 있습니다. 비슷한 모양과 체제를 본뜨기는 쉽지만 결코 체계적으로 설계된 기탄학습지의 학습효과와 가치까지 흉내 낼 수는 없습니다. 이미 다른 학습지와 꼼꼼히 비교해 보신 학부모님들은 왜 기탄학습지가 여전히 학부모 선택 1위인지 아십니다. 학습지의 명품, 「기탄학습지」는 그 학습효과와 가치가 다릅니다.

국민학습지 기탄! 오늘부터 아이와 함께 시작하세요!

이제 기탄으로 매일 하루 10분, 자녀의 학습을 돌봐 주시는 학부모님들이 많아졌습니다. 규칙적인 공부습관을 길러 주고, 실력은 더욱 탄탄해진다는 입소문이 기탄을 국민학습지로 만들었습니다. 엄마선생님들의 입소문이 증명한 최고의 학습효과, 이제 국민학습지 기탄으로 눈에 띄게 달라지는 자녀의 학습 성적을 받아 보세요!

수백만 엄마선생님이 선택한 기탄학습지

- **수학학습지** : 기탄수학, 기탄사고력수학
- **국어학습지** : 기탄한글, 기탄국어
- **한자학습지** : 기탄한자, 기탄급수한자빨리따기(8~4급)
- **영어학습지** : 기탄영어, 퀵 앤 이지 파닉스, 영단어 암기끝!
- **중국어학습지** : 기탄뿌뿌중국어

엄마표 학습지는 단연 기탄입니다

이제 기탄으로 대표되는 엄마표 학습지가 대세입니다

학습지 하면 으레 방문학습지를 떠올리던 때가 있었습니다. 한 과목당 3~4만 원선으로 주요 과목을 모두 학습하려면 월 10만 원이 훌쩍 넘어 교육비 지출도 만만치 않았습니다. 그러나 서점에서 손쉽게 구입한 체계적인 프로그램의 기탄학습지로 교육비 부담은 줄이고, 높은 학습효과를 경험하신 많은 학부모님들께서 서서히 변화하기 시작했습니다. 이제 학습지 하면, 기탄으로 대표되는 '엄마표 학습지', '엄마표 교육'이 학습 트렌드입니다.

엄마에 의한, 엄마와 함께 시작한 교육 혁명!

오늘의 기탄은 「기탄학습지」로 직접 공부시켜 본 학부모님들의 입소문으로 그 명성과 신뢰를 쌓았습니다. 기탄은 엄마표 교육의 성공을 위해 학습지를 효과적으로 지도할 수 있는 지도지침서와 꼭 필요한 다양한 학습 자료를 제작하여 많은 가정에 무료로 드렸습니다. 그 결과 기탄으로 엄마표 교육에 자신감을 얻어 뚜렷한 학습효과를 보신 학부모님들께서 기탄의 홍보대사를 자처하셨습니다. 엄마에 의한, 엄마와 함께 시작한 교육 혁명! 이제 기탄은 서점 학습지를 넘어 '내 아이의 선생님은 엄마'라는 새로운 교육환경의 패러다임을 만들었습니다.

기탄학습지의 바탕은 부모님의 사랑입니다

「기탄학습지」는 부모님의 사랑을 바탕으로 학습하는 교재입니다. 미국 조지 워싱턴 대학의 스탠리 그린스팬 교수의 연구논문에 따르면, 지적 능력은 마음(사랑)과 머리의 연결을 통해 이루어진다고 합니다. 자녀교육을 남에게만 맡기지 마십시오. 부모만이 자녀의 인생을 성공적으로 이끌 수 있는 최고의 프로듀서입니다. 지도교사가 필요하지 않은 학습, 부모의 사랑을 바탕으로 학습하는 교재, 바로 「기탄학습지」가 추구하는 학습문화입니다.

왜, 기탄이 엄마들 사이에서 인기일까요

서점에 가셔서 기탄의 명성을 직접 확인해 보세요

서점 학습지 1위의 위상은 어디서나 쉽게 확인하실 수 있습니다. 전국 유명 서점이나 대형 마트 어느 곳에 가셔서 확인해 보아도 「기탄학습지」는 가장 잘 보이는 곳, 가장 넓은 서가를 차지하며 대우받고 있음을 바로 알 수 있습니다. 또, 주위의 학부모님들과 상의해 보셔도 유아와 초등학생을 위한 학습지는 단연 기탄이라고 말씀하십니다. 기탄은 교육 트렌드를 가장 빨리 빠르게 받아들이는 엄마들 사이에서도 학원이나 과외를 받더라도 꼭 해야 하는 필수학습지로 자리 잡았습니다.
지금 당장 가까운 서점이나 대형 마트에서 「기탄학습지」를 만나보십시오.

기초 탄탄한 교육, 기초 탄탄한 학습 – 기탄!

기탄은 체계적인 프로그램으로 매일 10분씩 꾸준히 학습하면, 기초실력이 탄탄해지며 학습성적도 좋아집니다. 기초실력이 탄탄해진 어린이들은 공부에 대한 자신감이 생기고, 스스로 학습목표를 설정하고, 계획하며 실천하는 힘까지 길러 줍니다. 이러한 자기주도적 학습은 상급학년으로 올라갈수록 필요한 경쟁력이며, 공부하는 가장 기초적인 힘이 됩니다. 스스로 공부를 찾아서 하는 아이들, 이것이 바로 기초실력의 힘, 「기탄학습지」의 효과입니다.

구입하기 쉽고, 밀리지 않고, 학습효과가 뛰어난 학습지 – 기탄!

유명 서점이나 대형 마트 어느 곳에서든 「기탄학습지」를 쉽게 구입할 수 있습니다. 가까운 곳에 서점이 없거나 구하기 어려운 분은 전화 02)586-1007 또는 기탄 인터넷 쇼핑몰(www.gitan.co.kr)로 주문하시면 됩니다. 누구나 손쉽게 구입하여 자녀의 학습을 효과적으로 돌볼 수 있는 프로그램식 학습지! 가장 대표적인 교재가 「기탄학습지」입니다. 엄마가 직접 학습 진도를 조절할 수 있기 때문에 학습지 밀릴 걱정이 없고, 유아 단계부터 예비 중 1까지 교재 내용 전체를 서점에서 꼼꼼히 비교할 수 있기 때문에 아이 수준에 꼭 맞는 단계를 선택할 수 있습니다. 구입하기 쉽고, 밀리지 않는 학습지, 전체 학습 프로그램을 한눈에 확인할 수 있는 학습지가 바로 「기탄학습지」입니다.

〈기탄수학〉은 단계별·능력별 프로그램식 학습지로 수학의 기초를 탄탄하게 쌓아 줍니다

1. 수학의 기초인 연산력을 탄탄하게 키워 주는 프로그램식 학습지

기탄수학은 단순히 '알고 있다'가 아니라 100점을 받을 수 있는 실력을 갖추도록 스몰스텝(Small Step) 방식에 의해 치밀하고 과학적으로 설계된 프로그램식 학습지로, 점진적인 반복 학습에 의해 기초 다지기와 선수학습이 동시에 이뤄집니다. 똑같이 만들 수는 있어도 과학적인 학습시스템까지 같을 수는 없습니다.

2. 유아부터 예비 중 1까지 세분화된 개인별 수준별 맞춤학습

기탄수학은 나이와 학년에 관계없이 자녀의 능력과 수준에 적합한 교재로 학습할 수 있습니다. 단계별, 능력별로 체계화 되어 있어 자녀에게 자신감을 심어줘 수학 학습에 대한 지속적인 흥미를 갖도록 학습동기를 유발합니다. 지루하지 않게 조금씩 규칙적으로 공부하는 습관, 바로 기탄수학의 맞춤학습에 있습니다.

3. 명확한 학습목표 제시로 높은 학습성취도

각 단계, 각 교재별로 매주 학습내용을 전체 학습목표에 맞춰 세부적으로 명확하게 제시하므로 짧은 시간에도 효율적인 공부와 높은 학습효과를 얻을 수 있습니다. 또한 자녀에게 부족한 학습영역이 무엇인지 파악하기가 쉬워 학습성과를 올바르게 평가할 수 있습니다.

4. 성취도 테스트 · 종료 테스트(C~K단계)로 철저한 보완학습

각 장마다 도입된 표준완성시간 평가시스템으로 자녀의 학습능력을 정확하게 파악할 수 있으며, 각 집, 각 단계의 학습이 끝날 때마다 실시되는 성취도 테스트와 종료 테스트로 학습성취도를 평가할 수 있습니다. 이러한 다양한 학습테스트를 통해 자녀들은 부족한 학습을 철저하게 보완학습합니다.

5. 특별부록 4분 문장제 학습(C~K단계)으로 연산력과 사고력을 동시에!

일상생활에서 일어나는 여러 가지 상황을 수학적으로 해석하고 문제를 풀 수 있도록 수학적으로 사고하는 능력을 길러 줍니다. 또한 학습한 연산력을 문장제 문제에 적용한 특별부록 4분 문장제 학습으로 연산력은 물론 사고력까지 동시에 길러 줍니다.

학부모님! 기탄수학은
이렇게 지도해 주세요

1. 우리 아이 수준보다 약간 낮은 단계부터 시작하세요.

교재는 어린이가 자신 있게 풀 수 있는 단계부터 시작합니다. 더하기, 빼기 과정부터는 나이와 학년에 관계없이 학습자가 자신 있게 100점을 맞을 수 있는 단계의 교재부터 시작해야 암산력과 계산력도 기르고, 필산력도 향상시킬 수 있습니다. 즉 처음 시작할 때는 어린이의 능력보다 한, 두 단계 낮추어서 시작하는 것이 효과적입니다.

2. 매일 일정한 시간에 규칙적인 학습 습관을 갖도록 지도하세요.

교재는 매일 일정한 시간에 규칙적으로, 집중해서 한 번에 3장씩 풀도록 합니다. 가능하면 교재 매 장에 정해져 있는 교재 1장을 완벽하게 푸는 데 소요되는 최소한의 요구 시간인 표준완성시간 이내에 완전 학습이 이루어지도록 지도합니다.

3. 채점은 매일하고, 주별 학습 일정 관리표를 작성하세요.

매일 교재를 풀고, 채점과 풀이 과정을 꼭 체크해야 합니다. 틀린 답 발견 시, 그 옆에 정답을 적어 다음에 같은 실수를 되풀이하지 않게 합니다. 채점 후, 교재의 주별 학습 일정 관리표에 오답 수와 문제 풀이 소요 시간을 기록하고 오답의 유형을 분석하여 그 부분을 집중적으로 지도합니다.

4. 성취도 테스트 · 종료 테스트(C~K단계)를 통해 학습 점검은 꼼꼼히 해 주세요.

교재 한 집이 끝나면 성취도 테스트를, 한 단계가 다 끝나면 종료 테스트를 실시합니다. 이 때, 어머니의 감독하에 실시하고 정답 수를 기록한 다음, 학습 능력 평가표를 참조해 주십시오. 그래야만 자녀의 능력이 어느 정도인지, 부족한 부분은 무엇인지 결손 부분을 파악, 지도 점검을 할 수 있습니다.

5. 교재 수료 후에도 지속적인 반복 학습이 필요합니다.

수학 과목의 성적을 높이는 가장 좋은 방법은 복습(학습량의 70% 정도), 즉 지속적인 반복 학습 여부에 달려 있습니다. 따라서 본 교재를 수료했다고 하여 연산력 완성을 의미하는 것이 아니라는 것을 명심하고, 매일 규칙적으로 반복 학습하게 합니다.

A

단계 교재

학습 목표

유아들이 처음 시작하는 단계로 30까지의 수를 세고, 읽을 수 있도록 학습하며 수의 배열도 이해하도록 합니다. 또, 선 긋기, 점 잇기, 길 따라 가기 등의 학습으로 숫자와 글자 쓰는 데 필요한 능력인 운필력, 작업력, 집중력을 기르는 것을 목표로 학습합니다.

〈유아〉

교재	교재번호	학습 내용
A-1 교재	교재번호 1~15	· 5까지의 개수 세기
	교재번호 16~30	· 5까지의 숫자 세기
	교재번호 31~45	· 10까지의 숫자 세기
	교재번호 46~60	· 10까지의 동그라미 수 세기

교재	교재번호	학습 내용
A-2 교재	교재번호 61~75	· 20까지의 숫자 세기 · 30까지의 숫자 세기 · 20까지의 동그라미 수 세기
	교재번호 76~90	
	교재번호 91~105	
	교재번호 106~120	

교재	교재번호	학습 내용
A-3 교재	교재번호 121~135	· 가로, 세로 직선 긋기
	교재번호 136~150	· 사선 긋기
	교재번호 151~165	· 곡선 긋기
	교재번호 166~180	· 사물 모양 잇기

교재	교재번호	학습 내용
A-4 교재	교재번호 181~195	· 사물 모양 잇기
	교재번호 196~210	· 여러 가지 곡선 긋기
	교재번호 211~225	· 길 찾기
	교재번호 226~240	· 점선 따라 똑같이 그리기

교재	교재번호	학습 내용
A-5 교재	교재번호 241~255	· 점선 따라 똑같이 그리기 · 점 잇기 · 숫자 따라 선 긋기
	교재번호 256~270	
	교재번호 271~285	
	교재번호 286~300	

(1장 표준완성시간 30초~2분)

B

교재별 학습 내용

학습 목표

A단계에서 익힌 능력을 토대로 200까지의 숫자 쓰기 연습을 합니다. 또, 다음 C과정부터 시작되는 덧셈 학습에 필요한 수의 성질과 순서성을 이해하는 것을 목표로 학습합니다.

단계 교재

〈유아〉

B-1 교재

교재번호 1~15	· 10까지의 숫자 그리기
교재번호 16~30	· 10까지의 숫자 쓰기
교재번호 31~45	· 세어 보고 맞는 수 이어 보기(10까지의 수)
교재번호 46~60	· 세어 보고 맞는 수 쓰기

B-2 교재

교재번호 61~75	· 10까지의 수 이해와 숫자 쓰기 · 동그라미 세어 보고 숫자 쓰기 · 같은 수끼리 이어 보기 · 세어 보고 더 많은 것에 ○표 하기 · 빈칸에 알맞은 숫자 써넣기
교재번호 76~90	
교재번호 91~105	
교재번호 106~120	

B-3 교재

교재번호 121~135	· 10개씩 묶어 보기
교재번호 136~150	· 동그라미 세어 보고 숫자 쓰기
교재번호 151~165	· 빈칸에 알맞은 숫자 써넣기
교재번호 166~180	· 20까지의 수 이해와 숫자 쓰기

B-4 교재

교재번호 181~195	· 20까지의 동그라미 수 세어서 쓰기 · 수만큼 사물의 수 묶기 · 수만큼 동그라미 수 묶기
교재번호 196~210	
교재번호 211~225	
교재번호 226~240	

B-5 교재

교재번호 241~255	· 30까지의 수 이해와 숫자 쓰기 · 50까지의 수 이해와 숫자 쓰기 · 70까지의 수 이해와 숫자 쓰기 · 100까지의 수 이해와 숫자 쓰기 · 200까지의 수 이해와 숫자 쓰기
교재번호 256~270	
교재번호 271~285	
교재번호 286~300	

(1장 표준완성시간 30초~2분)

C

교재별 학습 내용

학습 목표

B단계에서 익힌 숫자 쓰기 능력을 토대로, 더하기 1~4의 덧셈 연습으로 덧셈의 기본 개념을 익히는 것을 목표로 학습합니다.

단계 교재

〈유아 · 초1〉

C-1 교재

교재번호 1~15	· 더하기 1의 이해 · 다음의 수와 더하기 1 (1~10)+1, (1~19)+1, (1~100)+1, (1~1000)+1
교재번호 16~30	
교재번호 31~45	
교재번호 46~60	
1과정 성취도 테스트	

C-2 교재

교재번호 61~75	· 더하기 2의 이해 · 더하기 2 (1~8)+2 , (1~17)+2, (1~22)+2, (1~35)+2, (1~45)+2
교재번호 76~90	
교재번호 91~105	
교재번호 106~120	
2과정 성취도 테스트	

C-3 교재

교재번호 121~135	· 더하기 3의 이해 · 더하기 3 (1~9)+3, (1~16)+3, (1~26)+3, (1~36)+3 · 10의 보수 만들기
교재번호 136~150	
교재번호 151~165	
교재번호 166~180	
3과정 성취도 테스트	

C-4 교재

교재번호 181~195	· 더하기 4 (1~10)+4, (1~15)+4, (1~19)+4, (1~26)+4 · 10의 보수 만들기
교재번호 196~210	
교재번호 211~225	
교재번호 226~240	
4과정 성취도 테스트	

C-5 교재

교재번호 241~255	· 더하기 4까지 종합 학습 (1~6)+4까지, (1~9)+4까지 (1~16)+4까지, (1~19)+4까지
교재번호 256~270	
교재번호 271~285	
교재번호 286~300	
C교재 종료 테스트	

(1장 표준완성시간 1~2분)

D

단계 교재

학습 목표

C단계에서 익힌 더하기 4까지의 계산 능력을 토대로 더하기 5부터 더하기 10까지의 덧셈 훈련을 통하여, 계산 능력에 필수적인 기본 암산력을 키우는 것을 목표로 학습합니다.

〈유아 · 초1〉

D-1 교재

<table>
<tr><td>교재번호 1~15</td><td rowspan="4">· 더하기 5 (1~9)+5, (1~14)+5
(1~19)+5
· 더하기 6 (1~13)+6, (1~19)+6</td></tr>
<tr><td>교재번호 16~30</td></tr>
<tr><td>교재번호 31~45</td></tr>
<tr><td>교재번호 46~60</td></tr>
<tr><td colspan="2">1과정 성취도 테스트</td></tr>
</table>

D-2 교재

<table>
<tr><td>교재번호 61~75</td><td rowspan="4">· 더하기 7 (1~9)+7, (1~19)+7
(1~23)+7
· 더하기 8 (1~9)+8, (1~19)+8
(1~22)+8</td></tr>
<tr><td>교재번호 76~90</td></tr>
<tr><td>교재번호 91~105</td></tr>
<tr><td>교재번호 106~120</td></tr>
<tr><td colspan="2">2과정 성취도 테스트</td></tr>
</table>

D-3 교재

<table>
<tr><td>교재번호 121~135</td><td rowspan="4">· 더하기 9 (1~9)+9, (1~15)+9
(1~21)+9
· 더하기 10 (1~9)+10, (1~15)+10
(1~20)+10</td></tr>
<tr><td>교재번호 136~150</td></tr>
<tr><td>교재번호 151~165</td></tr>
<tr><td>교재번호 166~180</td></tr>
<tr><td colspan="2">3과정 성취도 테스트</td></tr>
</table>

D-4 교재

<table>
<tr><td>교재번호 181~195</td><td rowspan="4">· 더하기 5~10 종합
19까지의 수+(5~6)
19까지의 수+(7~8)
19까지의 수+(9~10)
19까지의 수+(5~10)
· 큰 수 덧셈</td></tr>
<tr><td>교재번호 196~210</td></tr>
<tr><td>교재번호 211~225</td></tr>
<tr><td>교재번호 226~240</td></tr>
<tr><td colspan="2">4과정 성취도 테스트</td></tr>
</table>

D-5 교재

<table>
<tr><td>교재번호 241~255</td><td rowspan="4">· 큰 수 덧셈 두 수의 합이 15 이하인 덧셈
두 수의 합이 20 이하인 덧셈
두 수의 합이 25 이하인 덧셈
두 수의 합이 30 이하인 덧셈
두 수의 합이 35 이하인 덧셈
두 수의 합이 40 이하인 덧셈
· D교재 덧셈 종합</td></tr>
<tr><td>교재번호 256~270</td></tr>
<tr><td>교재번호 271~285</td></tr>
<tr><td>교재번호 286~300</td></tr>
<tr><td colspan="2">D교재 종료 테스트</td></tr>
</table>

(1장 표준완성시간 1~2분)

E 단계 교재

학습 목표

D단계에서 기른 기본적인 암산력을 토대로 빼기 10까지의 기본적인 뺄셈을 학습하고, 그동안 연습한 덧셈과 뺄셈의 학습을 통해서 암산력을 완성하는 것을 목표로 학습합니다.

〈초1〉

E-1 교재

교재번호 1~15	· 빼기의 이해(1 작은 수)
교재번호 16~30	· 빼기 1 (1~12)-1 · 빼기 2 (1~13)-2
교재번호 31~45	· 빼기 3 (1~15)-3
교재번호 46~60	· (1~15)-3까지 연습
1과정 성취도 테스트	

E-2 교재

교재번호 61~75	· 빼기 4~10 (1~15)-4, (1~15)-5 (1~15)-6, (1~15)-7 (1~15)-8, (1~15)-9
교재번호 76~90	
교재번호 91~105	
교재번호 106~120	· (1~15)-10까지 연습
2과정 성취도 테스트	

E-3 교재

교재번호 121~135	· 16까지의 수에서 빼기 (11~12)-11, (13~14)-13, (15~16)-15
교재번호 136~150	
교재번호 151~165	· (1~16)-15까지 연습
교재번호 166~180	
3과정 성취도 테스트	

E-4 교재

교재번호 181~195	· 25까지의 수에서 빼기 (17~19)-17, (20~22)-20, (23~25)-23
교재번호 196~210	
교재번호 211~225	· (1~25)-24까지 연습
교재번호 226~240	
4과정 성취도 테스트	

E-5 교재

교재번호 241~255	· 덧셈과 뺄셈 총정리(C~E교재)
교재번호 256~270	
교재번호 271~285	
교재번호 286~300	
E교재 종료 테스트	

(1장 표준완성시간 1~2분)

F

교재별 학습 내용

학습 목표

E단계에서 기른 암산력을 토대로, 덧셈과 뺄셈의 세로셈 훈련을 통해서 필산력을 완성하는 것을 목표로 학습합니다.

단계 교재

〈초2〉

F-1 교재

교재번호	학습 내용
교재번호 1~15	· 합이 99까지의 덧셈(세로셈) (받아올림이 없는 두 자리 수+한 자리 수)
교재번호 16~30	(받아올림이 없는 두 자리 수+두 자리 수)
교재번호 31~45	(받아올림이 있는 두 자리 수+한 자리 수)
교재번호 46~60	(받아올림이 있는 두 자리 수+두 자리 수)
1과정 성취도 테스트	

F-2 교재

교재번호	학습 내용
교재번호 61~75	· 두 자리 수의 덧셈 (십의 자리에서 받아올림이 있는 셈)
교재번호 76~90	
교재번호 91~105	· 두 자리 수의 덧셈 종합
교재번호 106~120	
2과정 성취도 테스트	

F-3 교재

교재번호	학습 내용
교재번호 121~135	· 세 자리 수의 덧셈 (세 자리 수+한 자리 수, 두 자리 수, 세 자리 수)
교재번호 136~150	· 네 자리 수의 덧셈 (네 자리 수+한 자리 수, 두 자리 수, 세 자리 수, 네 자리 수)
교재번호 151~165	
교재번호 166~180	· 세 자리 수, 네 자리 수의 덧셈 종합
3과정 성취도 테스트	

F-4 교재

교재번호	학습 내용
교재번호 181~195	· 한 자리 수의 뺄셈, 두 자리 수의 뺄셈 (받아내림이 없는 두 자리 수−한 자리 수)
교재번호 196~210	(받아내림이 없는 두 자리 수−두 자리 수)
교재번호 211~225	(받아내림이 있는 두 자리 수−한 자리 수) (받아내림이 있는 두 자리 수−두 자리 수)
교재번호 226~240	· 두 자리 수의 뺄셈 종합
4과정 성취도 테스트	

F-5 교재

교재번호	학습 내용
교재번호 241~255	· 세 자리 수의 뺄셈 (세 자리 수−한 자리 수, 두 자리 수, 세 자리 수)
교재번호 256~270	· 네 자리 수의 뺄셈
교재번호 271~285	(네 자리 수−한 자리 수, 두 자리 수, 세 자리 수, 네 자리 수)
교재번호 286~300	· 세 자리 수, 네 자리 수의 뺄셈 종합
F교재 종료 테스트	

(1장 표준완성시간 2~3분)

G

교재별 학습 내용

학습 목표

곱셈구구를 이용, 곱셈과 나눗셈의 기초적인 계산력을 배양하는 것을 목표로 학습합니다.

단계 교재

〈초3〉

교재	교재번호	학습 내용
G-1 교재	교재번호 1~15	· 2~5단의 곱셈구구
	교재번호 16~30	· 5단까지의 곱셈구구 종합
	교재번호 31~45	· 6~9단의 곱셈구구
	교재번호 46~60	· 9단까지의 곱셈구구 종합
	1과정 성취도 테스트	
G-2 교재	교재번호 61~75	· 두 자리 수의 곱셈 (두 자리 수×한 자리 수)
	교재번호 76~90	
	교재번호 91~105	
	교재번호 106~120	
	2과정 성취도 테스트	
G-3 교재	교재번호 121~135	· 세 자리 수의 곱셈(세 자리 수×한 자리 수)
	교재번호 136~150	· 네 자리 수의 곱셈(네 자리 수×한 자리 수)
	교재번호 151~165	· 두 자리 수의 곱셈(두 자리 수×두 자리 수)
	교재번호 166~180	
	3과정 성취도 테스트	
G-4 교재	교재번호 181~195	· 나눗셈의 기초(구구의 역)
	교재번호 196~210	· 나머지가 있는 나눗셈 (두 자리 수÷한 자리 수)
	교재번호 211~225	
	교재번호 226~240	
	4과정 성취도 테스트	
G-5 교재	교재번호 241~255	· 두 자리 수의 나눗셈 (두 자리 수÷한 자리 수)
	교재번호 256~270	· 세 자리 수의 나눗셈 (세 자리 수÷한 자리 수)
	교재번호 271~285	
	교재번호 286~300	
	G교재 종료 테스트	

(1장 표준완성시간 2~3분)

H 단계 교재

교재별 학습 내용

학습 목표

G단계에서 기른 곱셈, 나눗셈의 기초 계산력을 발전시켜, 분수의 성질을 익히고 계산할 수 있는 기초 능력을 기르는 것을 목표로 학습합니다.

〈초4〉

H-1 교재

교재번호	1~15	· 두 자리 수의 곱셈 (두 자리 수×두 자리 수) · 세 자리 수의 곱셈 (세 자리 수×두 자리 수) (세 자리 수×세 자리 수)
교재번호	16~30	
교재번호	31~45	
교재번호	46~60	
1과정 성취도 테스트		

H-2 교재

교재번호	61~75	· 덧셈과 뺄셈
교재번호	76~90	· 곱셈과 나눗셈
교재번호	91~105	· 나눗셈(한 자리 수로 나누기)
교재번호	106~120	· 10배수의 곱셈과 나눗셈
2과정 성취도 테스트		

H-3 교재

교재번호	121~135	· 나눗셈(두 자리 수로 나누기)
교재번호	136~150	
교재번호	151~165	
교재번호	166~180	
3과정 성취도 테스트		

H-4 교재

교재번호	181~195	· 나눗셈(두 자리 이상의 수로 나누기) · 분수(가분수를 대분수 또는 자연수로, 대분수를 가분수로 고치기)
교재번호	196~210	
교재번호	211~225	
교재번호	226~240	
4과정 성취도 테스트		

H-5 교재

교재번호	241~255	· 약분(최대공약수를 이용하여 약분하기) · 두·세 분수의 덧셈과 뺄셈 (분모가 같은 분수)
교재번호	256~270	
교재번호	271~285	
교재번호	286~300	
H교재 종료 테스트		

(1장 표준완성시간 3~4분)

I 단계 교재

학습 목표

분수의 덧셈과 뺄셈, 곱셈과 나눗셈의 연습을 통하여 분수의 계산력을 확실하게 배양하는 것을 목표로 학습합니다.

〈초5〉

교재	교재번호	학습 내용
I-1 교재	교재번호 1~15	· 분수의 덧셈 (최소공배수) (분모가 같은 분수) (크기가 같은 분수) (분모가 다른 분수)
	교재번호 16~30	
	교재번호 31~45	
	교재번호 46~60	
	1과정 성취도 테스트	
I-2 교재	교재번호 61~75	· 분수의 덧셈 (분모가 다른 분수)
	교재번호 76~90	
	교재번호 91~105	
	교재번호 106~120	
	2과정 성취도 테스트	
I-3 교재	교재번호 121~135	· 분수의 뺄셈 (자연수－분수) (분수의 받아내림) (분모가 같은 분수) (분모가 다른 분수)
	교재번호 136~150	
	교재번호 151~165	
	교재번호 166~180	· 분수의 덧셈과 뺄셈 종합
	3과정 성취도 테스트	
I-4 교재	교재번호 181~195	· 분수의 곱셈 · 분수의 나눗셈 · 분수의 곱셈과 나눗셈 종합
	교재번호 196~210	
	교재번호 211~225	
	교재번호 226~240	
	4과정 성취도 테스트	
I-5 교재	교재번호 241~255	· 분수를 소수로 고치기
	교재번호 256~270	· 소수를 분수로 고치기
	교재번호 271~285	· 분수와 소수의 덧셈과 뺄셈
	교재번호 286~300	· 분수와 소수의 곱셈과 나눗셈
	I교재 종료 테스트	

(1장 표준완성시간 3~4분)

J 단계 교재

교재별 학습 내용

학습 목표

I단계에서 배양한 분수 계산력을 발전시키고 덧셈, 뺄셈, 곱셈, 나눗셈 등을 종합적으로 계산하는 사칙 혼합 계산을 완벽하게 익혀 중학 수학에 대비하는 것을 목표로 학습합니다.

〈초6〉

교재	교재번호	학습 내용
J-1 교재	교재번호 1~15	· 분수의 계산 (세 분수의 곱셈과 나눗셈)
	교재번호 16~30	
	교재번호 31~45	· 분수의 덧셈 (세 분수의 덧셈과 뺄셈)
	교재번호 46~60	
	1과정 성취도 테스트	
J-2 교재	교재번호 61~75	· 사칙 혼합 계산
	교재번호 76~90	
	교재번호 91~105	
	교재번호 106~120	
	2과정 성취도 테스트	
J-3 교재	교재번호 121~135	· 사칙 혼합 계산
	교재번호 136~150	
	교재번호 151~165	
	교재번호 166~180	
	3과정 성취도 테스트	
J-4 교재	교재번호 181~195	· 사칙 혼합 계산 · 방정식으로 미지수 구하기
	교재번호 196~210	
	교재번호 211~225	
	교재번호 226~240	
	4과정 성취도 테스트	
J-5 교재	교재번호 241~255	· 문장제 · 소수의 덧셈과 뺄셈 · 소수의 곱셈과 나눗셈
	교재번호 256~270	
	교재번호 271~285	
	교재번호 286~300	
	J교재 종료 테스트	

(1장 표준완성시간 3~5분)

K

교재별 학습 내용

학습 목표

J단계에서 기른 자연수, 분수, 소수의 사칙 혼합 계산력을 토대로, 유리수의 덧셈, 뺄셈, 곱셈, 나눗셈을 연습해서 유리수의 계산력을 키우는 것을 목표로 학습합니다.

단계 교재

〈예비 중1〉

교재	교재번호	학습 내용
K-1 교재	교재번호 1~15	· 유리수의 덧셈과 뺄셈
	교재번호 16~30	
	교재번호 31~45	
	교재번호 46~60	
	1과정 성취도 테스트	
K-2 교재	교재번호 61~75	· 유리수의 곱셈과 나눗셈
	교재번호 76~90	
	교재번호 91~105	
	교재번호 106~120	
	2과정 성취도 테스트	
K-3 교재	교재번호 121~135	· 유리수의 혼합 계산
	교재번호 136~150	
	교재번호 151~165	
	교재번호 166~180	
	3과정 성취도 테스트	
K-4 교재	교재번호 181~195	· 문자의 사용 · 식의 값 · 식의 계산
	교재번호 196~210	
	교재번호 211~225	
	교재번호 226~240	
	4과정 성취도 테스트	
K-5 교재	교재번호 241~255	· 방정식 (등식의 성질을 이용하여 방정식 풀기) (이항을 이용하여 방정식 풀기)
	교재번호 256~270	
	교재번호 271~285	
	교재번호 286~300	
	K교재 종료 테스트	

(1장 표준완성시간 3~5분)

교재 등급

D단계 교재
121~135

개인별·능력별 학습 프로그램

기탄수학

학습 일정 관리표

공부한 날	교재 번호	오답 수	소요 시간	공부한 날	교재 번호	오답 수	소요 시간
.	121			.	130		
.	122			.	131		
.	123			.	132		
.	124			.	133		
.	125			.	134		
.	126			.	135		
.	127			평 균			
.	128			종합 평가	Ⓐ 아주 잘함 Ⓑ 잘함 Ⓒ 보통 Ⓓ 부족함		
.	129						

이번주는?

· 학습 방법 ① 매일매일 ② 가끔 ③ 한꺼번에 – 하였습니다.
· 학습 태도 ① 스스로 잘 ② 시켜서 억지로 – 하였습니다.
· 학습 흥미 ① 재미있게 ② 싫증내며 – 하였습니다.
· 교재 내용 ① 적합하다고 ② 어렵다고 ③ 쉽다고 – 하였습니다.

지도 교사가 부모님께	부모님이 지도 교사께

원(교) 반 이름 전화 –

기초 탄탄한 교육 · 기초 탄탄한 학습
기탄교육
www.gitan.co.kr/ (02)586-1007(대)

D교재 (121~135) 학습 내용

교재번호	내 용	표준완성시간
121	9까지의 수에 더하기 9 ①	1~2분
122	〃 ②	
123	〃 ③	
124	〃 ④	
125	〃 ⑤	
126	〃 ⑥	
127	〃 ⑦	
128	〃 ⑧	
129	〃 ⑨	
130	〃 ⑩	
131	15까지의 수에 더하기 9 ①	
132	〃 ②	
133	〃 ③	
134	〃 ④	
135	〃 ⑤	

●학습 목표

15까지의 수에 더하기 9의 덧셈 연습을 통해서 암산력을 기르는 학습을 합니다. 수가 커지면 시간이 더 많이 걸리는 경우가 있는데 정답도 중요하지만 암산을 통해서 빠른 시간 내에 푸는 연습을 하는 것이 중요합니다.그래서 덧셈과 뺄셈의 암산력을 완성하는 다음 E교재로 나아갈 수 있는 능력을 기르는 것을 목표로 합니다

●지도 포인트

15까지의 수에 더하기 9를 하였을 때 합이 가장 작을 경우는 1+9이고, 큰 경우는 15+9로 모두 그 합이 두 자리의 수가 됩니다. 이때 일의 자리 숫자와 십의 자리 숫자를 서로 바꾸어 쓰는 일이 없도록 조심하면서 답을 쓰게 합니다.

● 표준완성시간 : 1~2분

평가	아주 잘함	잘함	보통	부족함
오답수	1	2~5	6~8	9~

이름 :
날짜 : 월 일
시간 : : ~ :

● 9까지의 수에 더하기 9 ①

♣ 덧셈을 하세요.

(1) 1 + 9 =

(2) 2 + 9 =

(3) 6 + 9 =

(4) 4 + 9 =

(5) 5 + 9 =

(6) 3 + 9 =

(7) 7 + 9 =

(8) 8 + 9 =

(9) $9 + 9 =$

(10) $8 + 9 =$

(11) $4 + 9 =$

(12) $6 + 9 =$

(13) $5 + 9 =$

(14) $7 + 9 =$

(15) $3 + 9 =$

(16) $2 + 9 =$

(17) $1 + 9 =$

● 표준완성시간 : 1~2분

평가	아주 잘함	잘함	보통	부족함
오답수	1	2~5	6~8	9~

이름 :
날짜 : 월 일
시간 : : ~ :

● 9까지의 수에 더하기 9 ②

♣ 덧셈을 하세요.

(1) 4 + 9 =

(2) 8 + 9 =

(3) 5 + 9 =

(4) 9 + 9 =

(5) 1 + 9 =

(6) 3 + 9 =

(7) 6 + 9 =

(8) 7 + 9 =

(9) $2 + 9 =$

(10) $6 + 9 =$

(11) $3 + 9 =$

(12) $7 + 9 =$

(13) $1 + 9 =$

(14) $4 + 9 =$

(15) $5 + 9 =$

(16) $9 + 9 =$

(17) $8 + 9 =$

● 표준완성시간 : 1~2분

평가	아주 잘함	잘함	보통	부족함
오답수	1	2~5	6~8	9~

이름 :
날짜 : 월 일
시간 : : ~ :

● 9까지의 수에 더하기 9 ③

♣ 덧셈을 하세요.

(1) 1 + 9 =

(2) 3 + 9 =

(3) 5 + 9 =

(4) 7 + 9 =

(5) 2 + 9 =

(6) 4 + 9 =

(7) 6 + 9 =

(8) 8 + 9 =

(9) $9 + 9 =$

(10) $7 + 9 =$

(11) $3 + 9 =$

(12) $8 + 9 =$

(13) $6 + 9 =$

(14) $4 + 9 =$

(15) $5 + 9 =$

(16) $1 + 9 =$

(17) $2 + 9 =$

● 표준완성시간 : 1~2분

평가	아주 잘함	잘함	보통	부족함
오답수	1	2~5	6~8	9~

이름 :
날짜 : 월 일
시간 : : ~ :

● 9까지의 수에 더하기 9 ④

♣ 덧셈을 하세요.

(1) 8 + 9 =

(2) 4 + 9 =

(3) 5 + 9 =

(4) 9 + 9 =

(5) 1 + 9 =

(6) 2 + 9 =

(7) 6 + 9 =

(8) 3 + 9 =

(9) $6 + 9 =$

(10) $5 + 9 =$

(11) $3 + 9 =$

(12) $8 + 9 =$

(13) $1 + 9 =$

(14) $9 + 9 =$

(15) $4 + 9 =$

(16) $7 + 9 =$

(17) $2 + 9 =$

● 표준완성시간 : 1~2분

평가	아주 잘함	잘함	보통	부족함
오답수	1	2~5	6~8	9~

이름 :
날짜 : 월 일
시간 : : ~ :

● 9까지의 수에 더하기 9 ⑤

♣ 덧셈을 하세요.

(1) 1 + 9 =

(2) 2 + 9 =

(3) 4 + 9 =

(4) 3 + 9 =

(5) 5 + 9 =

(6) 6 + 9 =

(7) 8 + 9 =

(8) 7 + 9 =

(9) 9 + 9 =

(10) 8 + 9 =

(11) 6 + 9 =

(12) 7 + 9 =

(13) 5 + 9 =

(14) 4 + 9 =

(15) 1 + 9 =

(16) 2 + 9 =

(17) 3 + 9 =

● 표준완성시간 : 1~2분

평 가	아주 잘함	잘함	보통	부족함
오답수	1	2~5	6~8	9~

이름 :
날짜 : 월 일
시간 : : ~ :

● 9까지의 수에 더하기 9 ⑥

♣ 덧셈을 하세요.

(1) $4 + 9 =$

(2) $8 + 9 =$

(3) $3 + 9 =$

(4) $5 + 9 =$

(5) $1 + 9 =$

(6) $2 + 9 =$

(7) $9 + 9 =$

(8) $6 + 9 =$

(9) $2 + 9 =$

(10) $7 + 9 =$

(11) $1 + 9 =$

(12) $3 + 9 =$

(13) $9 + 9 =$

(14) $8 + 9 =$

(15) $4 + 9 =$

(16) $5 + 9 =$

(17) $6 + 9 =$

● 표준완성시간 : 1~2분

평가	아주 잘함	잘함	보통	부족함
오답수	1	2~5	6~8	9~

이름 :
날짜 : 월 일
시간 : : ~ :

● 9까지의 수에 더하기 9 ⑦

♣ 덧셈을 하세요.

(1) 3 + 9 =

(2) 7 + 9 =

(3) 1 + 9 =

(4) 6 + 9 =

(5) 2 + 9 =

(6) 8 + 9 =

(7) 4 + 9 =

(8) 9 + 9 =

(9) $2 + 9 =$

(10) $1 + 9 =$

(11) $4 + 9 =$

(12) $5 + 9 =$

(13) $3 + 9 =$

(14) $9 + 9 =$

(15) $8 + 9 =$

(16) $6 + 9 =$

(17) $7 + 9 =$

● 표준완성시간 : 1~2분

평가	아주 잘함	잘함	보통	부족함
오답수	1	2~5	6~8	9~

이름 :
날짜 : 월 일
시간 : : ~ :

● 9까지의 수에 더하기 9 ⑧

♣ 덧셈을 하세요.

(1) 9 + 9 =

(2) 4 + 9 =

(3) 7 + 9 =

(4) 2 + 9 =

(5) 5 + 9 =

(6) 3 + 9 =

(7) 1 + 9 =

(8) 6 + 9 =

(9) $8 + 9 =$

(10) $1 + 9 =$

(11) $3 + 9 =$

(12) $6 + 9 =$

(13) $5 + 9 =$

(14) $4 + 9 =$

(15) $7 + 9 =$

(16) $9 + 9 =$

(17) $2 + 9 =$

● 표준완성시간 : 1~2분

평가	아주 잘함	잘함	보통	부족함
오답수	1	2~5	6~8	9~

이름 :
날짜 : 월 일
시간 : : ~ :

● 9까지의 수에 더하기 9 ⑨

♣ 덧셈을 하세요.

(1) 5 + 9 =

(2) 6 + 9 =

(3) 2 + 9 =

(4) 1 + 9 =

(5) 4 + 9 =

(6) 3 + 9 =

(7) 8 + 9 =

(8) 9 + 9 =

(9) $8 + 9 =$

(10) $3 + 9 =$

(11) $1 + 9 =$

(12) $5 + 9 =$

(13) $6 + 9 =$

(14) $4 + 9 =$

(15) $9 + 9 =$

(16) $2 + 9 =$

(17) $7 + 9 =$

● 표준완성시간 : 1~2분

평가	아주 잘함	잘함	보통	부족함
오답수	1	2~5	6~8	9~

이름 :
날짜 : 월 일
시간 : : ~ :

9까지의 수에 더하기 9 ⑩

♣ 덧셈을 하세요.

(1) 4 + 9 =

(2) 5 + 9 =

(3) 3 + 9 =

(4) 8 + 9 =

(5) 1 + 9 =

(6) 2 + 9 =

(7) 9 + 9 =

(8) 6 + 9 =

(9) $7 + 9 =$

(10) $1 + 9 =$

(11) $4 + 9 =$

(12) $9 + 9 =$

(13) $3 + 9 =$

(14) $5 + 9 =$

(15) $8 + 9 =$

(16) $6 + 9 =$

(17) $2 + 9 =$

● 표준완성시간 : 1~2분

평가	아주 잘함	잘함	보통	부족함
오답수	1	2~5	6~8	9~

이름 :
날짜 : 월 일
시간 : : ~ :

● 15까지의 수에 더하기 9 ①

♣ 덧셈을 하세요.

(1) $3 + 9 =$

(2) $2 + 9 =$

(3) $1 + 9 =$

(4) $4 + 9 =$

(5) $5 + 9 =$

(6) $8 + 9 =$

(7) $7 + 9 =$

(8) $6 + 9 =$

(9) $9 + 9 =$

(10) $10 + 9 =$

(11) $1 + 9 =$

(12) $12 + 9 =$

(13) $13 + 9 =$

(14) $4 + 9 =$

(15) $15 + 9 =$

(16) $9 + 9 =$

(17) $11 + 9 =$

● 표준완성시간 : 1~2분

평가	아주 잘함	잘함	보통	부족함
오답수	1	2~5	6~8	9~

이름 :
날짜 : 월 일
시간 : : ~ :

● 15까지의 수에 더하기 9 ②

♣ 덧셈을 하세요.

(1) 11 + 9 =

(2) 9 + 9 =

(3) 15 + 9 =

(4) 14 + 9 =

(5) 3 + 9 =

(6) 12 + 9 =

(7) 11 + 9 =

(8) 10 + 9 =

(9) $9 + 9 =$

(10) $8 + 9 =$

(11) $4 + 9 =$

(12) $6 + 9 =$

(13) $5 + 9 =$

(14) $14 + 9 =$

(15) $3 + 9 =$

(16) $12 + 9 =$

(17) $1 + 9 =$

● 표준완성시간 : 1~2분

평가	아주 잘함	잘함	보통	부족함
오답수	1	2~5	6~8	9~

이름 :
날짜 : 월 일
시간 : : ~ :

● 15까지의 수에 더하기 9 ③

♣ 덧셈을 하세요.

(1) $1 + 9 =$

(2) $11 + 9 =$

(3) $2 + 9 =$

(4) $12 + 9 =$

(5) $3 + 9 =$

(6) $13 + 9 =$

(7) $4 + 9 =$

(8) $14 + 9 =$

(9) 5 + 9 =

(10) 15 + 9 =

(11) 1 + 9 =

(12) 11 + 9 =

(13) 2 + 9 =

(14) 12 + 9 =

(15) 3 + 9 =

(16) 13 + 9 =

(17) 10 + 9 =

● 표준완성시간 : 1~2분

평가	아주 잘함	잘함	보통	부족함
오답수	1	2~5	6~8	9~

이름 :
날짜 : 월 일
시간 : : ~ :

● 15까지의 수에 더하기 9 ④

♣ 덧셈을 하세요.

(1) 5 + 9 =

(2) 15 + 9 =

(3) 4 + 9 =

(4) 14 + 9 =

(5) 3 + 9 =

(6) 13 + 9 =

(7) 2 + 9 =

(8) 12 + 9 =

(9) $1 + 9 =$

(10) $11 + 9 =$

(11) $10 + 9 =$

(12) $8 + 9 =$

(13) $9 + 9 =$

(14) $7 + 9 =$

(15) $6 + 9 =$

(16) $15 + 9 =$

(17) $4 + 9 =$

● 표준완성시간 : 1~2분

평가	아주 잘함	잘함	보통	부족함
오답수	1	2~5	6~8	9~

이름 :
날짜 : 월 일
시간 : : ~ :

● 15까지의 수에 더하기 9 ⑤

♣ 덧셈을 하세요.

(1) 4 + 9 =

(2) 15 + 9 =

(3) 3 + 9 =

(4) 8 + 9 =

(5) 13 + 9 =

(6) 7 + 9 =

(7) 8 + 9 =

(8) 9 + 9 =

(9) 13 + 9 =

(10) 14 + 9 =

(11) 7 + 9 =

(12) 15 + 9 =

(13) 1 + 9 =

(14) 11 + 9 =

(15) 2 + 9 =

(16) 6 + 9 =

(17) 10 + 9 =

교재 등급

D단계 교재
136~150

개인별 · 능력별 학습 프로그램

기탄수학

학습 일정 관리표

공부한 날	교재 번호	오답 수	소요 시간	공부한 날	교재 번호	오답 수	소요 시간
.	136			.	145		
.	137			.	146		
.	138			.	147		
.	139			.	148		
.	140			.	149		
.	141			.	150		
.	142			평 균			
.	143			종합 평가	Ⓐ 아주 잘함 Ⓑ 잘함 Ⓒ 보통 Ⓓ 부족함		
.	144						

이번 주는?

- 학습 방법 ① 매일매일 ② 가끔 ③ 한꺼번에 – 하였습니다.
- 학습 태도 ① 스스로 잘 ② 시켜서 억지로 – 하였습니다.
- 학습 흥미 ① 재미있게 ② 싫증내며 – 하였습니다.
- 교재 내용 ① 적합하다고 ② 어렵다고 ③ 쉽다고 – 하였습니다.

지도 교사가 부모님께	부모님이 지도 교사께

원(교) 반 이름 전화 –

기초 탄탄한 교육 · 기초 탄탄한 학습
기탄교육
www.gitan.co.kr/ (02)586-1007(대)

D교재 (136~150) 학습 내용

교재번호	내 용	표준완성시간
136	15까지의 수에 더하기 9 ⑥	1~2분
137	〃 ⑦	
138	〃 ⑧	
139	21까지의 수에 더하기 9 ①	
140	〃 ②	
141	〃 ③	
142	〃 ④	
143	〃 ⑤	
144	〃 ⑥	
145	〃 ⑦	
146	〃 ⑧	
147	〃 ⑨	
148	〃 ⑩	
149	〃 ⑪	
150	〃 ⑫	

●학습 목표

21까지의 수에 더하기 9의 덧셈 연습을 통해서 암산력을 기르는 학습을 합니다.

●지도 포인트

어린이 스스로 잘 풀 때는 더욱 힘이 나도록 칭찬을 해 주시고 항상 표준완성시간 내에 풀 수 있는지 점검하여 주십시오.

● 표준완성시간 : 1~2분

평가	아주 잘함	잘함	보통	부족함
오답수	1	2~5	6~8	9~

이름 :
날짜 : 월 일
시간 : : ~ :

● 15까지의 수에 더하기 9 ⑥

♣ 덧셈을 하세요.

(1) 4 + 9 =

(2) 13 + 9 =

(3) 3 + 9 =

(4) 10 + 9 =

(5) 8 + 9 =

(6) 9 + 9 =

(7) 11 + 9 =

(8) 14 + 9 =

(9) $12 + 9 =$

(10) $1 + 9 =$

(11) $12 + 9 =$

(12) $3 + 9 =$

(13) $10 + 9 =$

(14) $6 + 9 =$

(15) $9 + 9 =$

(16) $15 + 9 =$

(17) $7 + 9 =$

● 표준완성시간 : 1~2분

평가	아주 잘함	잘함	보통	부족함
오답수	1	2~5	6~8	9~

이름 :
날짜 : 월 일
시간 : : ~ :

15까지의 수에 더하기 9 ⑦

♣ 덧셈을 하세요.

(1) 8 + 9 =

(2) 10 + 9 =

(3) 11 + 9 =

(4) 3 + 9 =

(5) 9 + 9 =

(6) 14 + 9 =

(7) 6 + 9 =

(8) 4 + 9 =

(9) $15 + 9 =$

(10) $1 + 9 =$

(11) $10 + 9 =$

(12) $14 + 9 =$

(13) $7 + 9 =$

(14) $6 + 9 =$

(15) $11 + 9 =$

(16) $9 + 9 =$

(17) $5 + 9 =$

● 표준완성시간 : 1~2분

평가	아주 잘함	잘함	보통	부족함
오답수	1	2~5	6~8	9~

이 름 :
날짜 : 월 일
시 간 : : ~ :

15까지의 수에 더하기 9 ⑧

♣ 덧셈을 하세요.

(1) 2 + 9 =

(2) 5 + 9 =

(3) 3 + 9 =

(4) 7 + 9 =

(5) 6 + 9 =

(6) 10 + 9 =

(7) 11 + 9 =

(8) 14 + 9 =

(9) $10 + 9 =$

(10) $3 + 9 =$

(11) $2 + 9 =$

(12) $11 + 9 =$

(13) $9 + 9 =$

(14) $14 + 9 =$

(15) $8 + 9 =$

(16) $13 + 9 =$

(17) $5 + 9 =$

● 표준완성시간 : 1~2분

평가	아주 잘함	잘함	보통	부족함
오답수	1	2~5	6~8	9~

이름 :
날짜 : 월 일
시간 : : ~ :

21까지의 수에 더하기 9 ①

♣ 덧셈을 하세요.

(1) 5 + 9 =

(2) 6 + 9 =

(3) 17 + 9 =

(4) 8 + 9 =

(5) 9 + 9 =

(6) 20 + 9 =

(7) 11 + 9 =

(8) 12 + 9 =

(9) $13 + 9 =$

(10) $14 + 9 =$

(11) $5 + 9 =$

(12) $16 + 9 =$

(13) $17 + 9 =$

(14) $8 + 9 =$

(15) $19 + 9 =$

(16) $20 + 9 =$

(17) $11 + 9 =$

● 표준완성시간 : 1~2분

평가	아주 잘함	잘함	보통	부족함
오답수	1	2~5	6~8	9~

이름 :
날짜 : 월 일
시간 : : ~ :

● 21까지의 수에 더하기 9 ②

♣ 덧셈을 하세요.

(1) 21 + 9 =

(2) 10 + 9 =

(3) 19 + 9 =

(4) 8 + 9 =

(5) 17 + 9 =

(6) 6 + 9 =

(7) 15 + 9 =

(8) 14 + 9 =

(9) $13 + 9 =$

(10) $12 + 9 =$

(11) $21 + 9 =$

(12) $10 + 9 =$

(13) $19 + 9 =$

(14) $8 + 9 =$

(15) $17 + 9 =$

(16) $6 + 9 =$

(17) $15 + 9 =$

● 표준완성시간 : 1~2분

평가	아주 잘함	잘함	보통	부족함
오답수	1	2~5	6~8	9~

이름 :
날짜 : 월 일
시간 : : ~ :

● 21까지의 수에 더하기 9 ③

♣ 덧셈을 하세요.

(1) 2 + 9 =

(2) 12 + 9 =

(3) 3 + 9 =

(4) 13 + 9 =

(5) 4 + 9 =

(6) 14 + 9 =

(7) 5 + 9 =

(8) 15 + 9 =

(9) 6 + 9 =

(10) 16 + 9 =

(11) 7 + 9 =

(12) 17 + 9 =

(13) 8 + 9 =

(14) 18 + 9 =

(15) 9 + 9 =

(16) 19 + 9 =

(17) 20 + 9 =

● 표준완성시간 : 1~2분

평가	아주 잘함	잘함	보통	부족함
오답수	1	2~5	6~8	9~

이름 :
날짜 : 월 일
시간 : : ~ :

● 21까지의 수에 더하기 9 ④

♣ 덧셈을 하세요.

(1) $9 + 9 =$

(2) $19 + 9 =$

(3) $8 + 9 =$

(4) $18 + 9 =$

(5) $7 + 9 =$

(6) $17 + 9 =$

(7) $6 + 9 =$

(8) $16 + 9 =$

(9) $5 + 9 =$

(10) $15 + 9 =$

(11) $4 + 9 =$

(12) $14 + 9 =$

(13) $3 + 9 =$

(14) $13 + 9 =$

(15) $2 + 9 =$

(16) $12 + 9 =$

(17) $10 + 9 =$

● 표준완성시간 : 1~2분

평가	아주 잘함	잘함	보통	부족함
오답수	1	2~5	6~8	9~

이름 :
날짜 : 월 일
시간 : : ~ :

● 21까지의 수에 더하기 9 ⑤

♣ 덧셈을 하세요.

(1) $7 + 9 =$

(2) $9 + 9 =$

(3) $16 + 9 =$

(4) $18 + 9 =$

(5) $3 + 9 =$

(6) $15 + 9 =$

(7) $6 + 9 =$

(8) $4 + 9 =$

(9) 21 + 9 =

(10) 8 + 9 =

(11) 17 + 9 =

(12) 3 + 9 =

(13) 19 + 9 =

(14) 1 + 9 =

(15) 20 + 9 =

(16) 2 + 9 =

(17) 13 + 9 =

● 표준완성시간 : 1~2분

평가	아주 잘함	잘함	보통	부족함
오답수	1	2~5	6~8	9~

이름 :

날짜 : 월 일

시간 : : ~ :

● 21까지의 수에 더하기 9 ⑥

♣ 덧셈을 하세요.

(1) $6 + 9 =$

(2) $13 + 9 =$

(3) $5 + 9 =$

(4) $21 + 9 =$

(5) $8 + 9 =$

(6) $19 + 9 =$

(7) $4 + 9 =$

(8) $2 + 9 =$

(9) $10 + 9 =$

(10) $1 + 9 =$

(11) $9 + 9 =$

(12) $15 + 9 =$

(13) $3 + 9 =$

(14) $16 + 9 =$

(15) $20 + 9 =$

(16) $12 + 9 =$

(17) $4 + 9 =$

● 표준완성시간 : 1~2분

평가	아주 잘함	잘함	보통	부족함
오답수	1	2~5	6~8	9~

이름 :
날짜 : 월 일
시간 : : ~ :

● 21까지의 수에 더하기 9 ⑦

♣ 덧셈을 하세요.

(1) 8 + 9 =

(2) 17 + 9 =

(3) 9 + 9 =

(4) 16 + 9 =

(5) 5 + 9 =

(6) 13 + 9 =

(7) 10 + 9 =

(8) 11 + 9 =

(9) 14 + 9 =

(10) 7 + 9 =

(11) 19 + 9 =

(12) 2 + 9 =

(13) 15 + 9 =

(14) 1 + 9 =

(15) 18 + 9 =

(16) 21 + 9 =

(17) 20 + 9 =

● 표준완성시간 : 1~2분

평가	아주 잘함	잘함	보통	부족함
오답수	1	2~5	6~8	9~

이름 :
날짜 : 월 일
시간 : : ~ :

● 21까지의 수에 더하기 9 ⑧

♣ 덧셈을 하세요.

(1) $17 + 9 =$

(2) $1 + 9 =$

(3) $13 + 9 =$

(4) $4 + 9 =$

(5) $19 + 9 =$

(6) $5 + 9 =$

(7) $10 + 9 =$

(8) $7 + 9 =$

(9) $15 + 9 =$

(10) $6 + 9 =$

(11) $21 + 9 =$

(12) $8 + 9 =$

(13) $14 + 9 =$

(14) $2 + 9 =$

(15) $20 + 9 =$

(16) $12 + 9 =$

(17) $18 + 9 =$

● 표준완성시간 : 1~2분

평가	아주 잘함	잘함	보통	부족함
오답수	1	2~5	6~8	9~

이름 :
날짜 : 월 일
시간 : : ~ :

● 21까지의 수에 더하기 9 ⑨

♣ 덧셈을 하세요.

(1) 2 + 9 =

(2) 12 + 9 =

(3) 4 + 9 =

(4) 14 + 9 =

(5) 3 + 9 =

(6) 13 + 9 =

(7) 5 + 9 =

(8) 15 + 9 =

(9) $6 + 9 =$

(10) $16 + 9 =$

(11) $9 + 9 =$

(12) $19 + 9 =$

(13) $8 + 9 =$

(14) $18 + 9 =$

(15) $7 + 9 =$

(16) $17 + 9 =$

(17) $20 + 9 =$

● 표준완성시간 : 1~2분

평가	아주 잘함	잘함	보통	부족함
오답수	1	2~5	6~8	9~

이름 :
날짜 : 월 일
시간 : : ~ :

21까지의 수에 더하기 9 ⑩

♣ 덧셈을 하세요.

(1) 6 + 9 =

(2) 16 + 9 =

(3) 8 + 9 =

(4) 18 + 9 =

(5) 7 + 9 =

(6) 17 + 9 =

(7) 9 + 9 =

(8) 19 + 9 =

(9) 3 + 9 =

(10) 13 + 9 =

(11) 4 + 9 =

(12) 14 + 9 =

(13) 5 + 9 =

(14) 15 + 9 =

(15) 2 + 9 =

(16) 12 + 9 =

(17) 21 + 9 =

● 표준완성시간 : 1~2분

평가	아주 잘함	잘함	보통	부족함
오답수	1	2~5	6~8	9~

이름 :
날짜 : 월 일
시간 : : ~ :

● 21까지의 수에 더하기 9 ⑪

♣ 덧셈을 하세요.

(1) 3 + 9 =

(2) 21 + 9 =

(3) 20 + 9 =

(4) 11 + 9 =

(5) 5 + 9 =

(6) 16 + 9 =

(7) 8 + 9 =

(8) 19 + 9 =

(9) $17 + 9 =$

(10) $6 + 9 =$

(11) $12 + 9 =$

(12) $4 + 9 =$

(13) $13 + 9 =$

(14) $7 + 9 =$

(15) $15 + 9 =$

(16) $8 + 9 =$

(17) $14 + 9 =$

● 표준완성시간 : 1~2분

평가	아주 잘함	잘함	보통	부족함
오답수	1	2~5	6~8	9~

이름 :
날짜 : 월 일
시간 : : ~ :

● 21까지의 수에 더하기 9 ⑫

♣ 덧셈을 하세요.

(1) 4 + 9 =

(2) 15 + 9 =

(3) 3 + 9 =

(4) 8 + 9 =

(5) 16 + 9 =

(6) 7 + 9 =

(7) 18 + 9 =

(8) 21 + 9 =

(9) 13 + 9 =

(10) 4 + 9 =

(11) 17 + 9 =

(12) 21 + 9 =

(13) 8 + 9 =

(14) 19 + 9 =

(15) 3 + 9 =

(16) 10 + 9 =

(17) 11 + 9 =

교재 등급

D단계 교재
151~165

개인별·능력별 학습 프로그램

기탄수학

학습 일정 관리표

공부한 날	교재 번호	오답 수	소요 시간	공부한 날	교재 번호	오답 수	소요 시간
.	151			.	160		
.	152			.	161		
.	153			.	162		
.	154			.	163		
.	155			.	164		
.	156			.	165		
.	157			평 균			
.	158			종합 평가	Ⓐ 아주 잘함 Ⓑ 잘함 Ⓒ 보통 Ⓓ 부족함		
.	159						

이번주는?

- 학습 방법 ① 매일매일 ② 가끔 ③ 한꺼번에 – 하였습니다.
- 학습 태도 ① 스스로 잘 ② 시켜서 억지로 – 하였습니다.
- 학습 흥미 ① 재미있게 ② 싫증내며 – 하였습니다.
- 교재 내용 ① 적합하다고 ② 어렵다고 ③ 쉽다고 – 하였습니다.

지도 교사가 부모님께	부모님이 지도 교사께

원(교) 반 이름 전화 –

기초 탄탄한 교육·기초 탄탄한 학습
기탄교육
www.gitan.co.kr/ (02)586-1007(대)

D교재 (151~165) 학습 내용

교재번호	내 용	표준완성시간
151	9까지의 수에 더하기 10 ①	1~2분
152	〃 ②	
153	〃 ③	
154	〃 ④	
155	〃 ⑤	
156	〃 ⑥	
157	〃 ⑦	
158	〃 ⑧	
159	15까지의 수에 더하기 10 ①	
160	〃 ②	
161	〃 ③	
162	〃 ④	
163	〃 ⑤	
164	〃 ⑥	
165	〃 ⑦	

●학습 목표

15까지의 수에 더하기 10의 덧셈 연습을 통해서 암산력을 기르는 학습을 합니다.

●지도 포인트

기본적인 덧셈 연습을 통해서 암산력을 기르는 연습을 마무리하는 교재입니다.
수시로 구두 테스트를 통해서 학습을 시켜 주십시오.

예 9+10=? 8+10=? 13+10=?

● 표준완성시간 : 1~2분

평가	아주 잘함	잘함	보통	부족함
오답수	1	2~5	6~8	9~

이름 :
날짜 : 월 일
시간 : : ~ :

● 9까지의 수에 더하기 10 ①

♣ 덧셈을 하세요.

(1) $1 + 10 =$

(2) $2 + 10 =$

(3) $6 + 10 =$

(4) $4 + 10 =$

(5) $5 + 10 =$

(6) $3 + 10 =$

(7) $7 + 10 =$

(8) $8 + 10 =$

(9) $9 + 10 =$

(10) $8 + 10 =$

(11) $4 + 10 =$

(12) $6 + 10 =$

(13) $5 + 10 =$

(14) $7 + 10 =$

(15) $3 + 10 =$

(16) $2 + 10 =$

(17) $1 + 10 =$

● 표준완성시간 : 1~2분

평가	아주 잘함	잘함	보통	부족함
오답수	1	2~5	6~8	9~

이름 :
날짜 : 월 일
시간 : : ~ :

● 9까지의 수에 더하기 10 ②

♣ 덧셈을 하세요.

(1) 9 + 10 =

(2) 8 + 10 =

(3) 6 + 10 =

(4) 5 + 10 =

(5) 7 + 10 =

(6) 4 + 10 =

(7) 2 + 10 =

(8) 3 + 10 =

(9) $1 + 10 =$

(10) $3 + 10 =$

(11) $5 + 10 =$

(12) $7 + 10 =$

(13) $9 + 10 =$

(14) $2 + 10 =$

(15) $4 + 10 =$

(16) $6 + 10 =$

(17) $8 + 10 =$

● 표준완성시간 : 1~2분

평가	아주 잘함	잘함	보통	부족함
오답수	1	2~5	6~8	9~

이름 :
날짜 : 월 일
시간 : : ~ :

● 9까지의 수에 더하기 10 ③

♣ 덧셈을 하세요.

(1) $2 + 10 =$

(2) $4 + 10 =$

(3) $6 + 10 =$

(4) $8 + 10 =$

(5) $1 + 10 =$

(6) $3 + 10 =$

(7) $5 + 10 =$

(8) $7 + 10 =$

(9) $9 + 10 =$

(10) $7 + 10 =$

(11) $5 + 10 =$

(12) $3 + 10 =$

(13) $1 + 10 =$

(14) $2 + 10 =$

(15) $4 + 10 =$

(16) $6 + 10 =$

(17) $8 + 10 =$

● 표준완성시간 : 1~2분

평가	아주 잘함	잘함	보통	부족함
오답수	1	2~5	6~8	9~

이름 :
날짜 : 월 일
시간 : : ~ :

● 9까지의 수에 더하기 10 ④

♣ 덧셈을 하세요.

(1) $4 + 10 =$

(2) $8 + 10 =$

(3) $5 + 10 =$

(4) $9 + 10 =$

(5) $1 + 10 =$

(6) $3 + 10 =$

(7) $6 + 10 =$

(8) $7 + 10 =$

(9) $2 + 10 =$

(10) $6 + 10 =$

(11) $3 + 10 =$

(12) $7 + 10 =$

(13) $1 + 10 =$

(14) $4 + 10 =$

(15) $5 + 10 =$

(16) $9 + 10 =$

(17) $8 + 10 =$

● 표준완성시간 : 1~2분

평가	아주 잘함	잘함	보통	부족함
오답수	1	2~5	6~8	9~

이름 :
날짜 : 월 일
시간 : : ~ :

● 9까지의 수에 더하기 10 ⑤

♣ 덧셈을 하세요.

(1) $8 + 10 =$

(2) $4 + 10 =$

(3) $5 + 10 =$

(4) $9 + 10 =$

(5) $1 + 10 =$

(6) $2 + 10 =$

(7) $6 + 10 =$

(8) $3 + 10 =$

(9) $6 + 10 =$

(10) $5 + 10 =$

(11) $3 + 10 =$

(12) $8 + 10 =$

(13) $1 + 10 =$

(14) $9 + 10 =$

(15) $4 + 10 =$

(16) $7 + 10 =$

(17) $2 + 10 =$

● 표준완성시간 : 1~2분

평가	아주 잘함	잘함	보통	부족함
오답수	1	2~5	6~8	9~

이름 :
날짜 : 월 일
시간 : : ~ :

9까지의 수에 더하기 10 ⑥

♣ 덧셈을 하세요.

(1) 4 + 10 =

(2) 8 + 10 =

(3) 3 + 10 =

(4) 5 + 10 =

(5) 1 + 10 =

(6) 2 + 10 =

(7) 9 + 10 =

(8) 6 + 10 =

(9) $2 + 10 =$

(10) $7 + 10 =$

(11) $1 + 10 =$

(12) $3 + 10 =$

(13) $9 + 10 =$

(14) $8 + 10 =$

(15) $4 + 10 =$

(16) $5 + 10 =$

(17) $6 + 10 =$

● 표준완성시간 : 1~2분

평가	아주 잘함	잘함	보통	부족함
오답수	1	2~5	6~8	9~

이름 :
날짜 : 월 일
시간 : : ~ :

● 9까지의 수에 더하기 10 ⑦

♣ 덧셈을 하세요.

(1) 1 + 10 =

(2) 2 + 10 =

(3) 3 + 10 =

(4) 4 + 10 =

(5) 5 + 10 =

(6) 6 + 10 =

(7) 7 + 10 =

(8) 8 + 10 =

(9) $9 + 10 =$

(10) $8 + 10 =$

(11) $2 + 10 =$

(12) $6 + 10 =$

(13) $5 + 10 =$

(14) $4 + 10 =$

(15) $7 + 10 =$

(16) $3 + 10 =$

(17) $1 + 10 =$

● 표준완성시간 : 1~2분

평가	아주 잘함	잘함	보통	부족함
오답수	1	2~5	6~8	9~

이름 :
날짜 : 월 일
시간 : : ~ :

● 9까지의 수에 더하기 10 ⑧

♣ 덧셈을 하세요.

(1) $8 + 10 =$

(2) $6 + 10 =$

(3) $2 + 10 =$

(4) $4 + 10 =$

(5) $3 + 10 =$

(6) $1 + 10 =$

(7) $5 + 10 =$

(8) $7 + 10 =$

(9) $9 + 10 =$

(10) $7 + 10 =$

(11) $3 + 10 =$

(12) $5 + 10 =$

(13) $1 + 10 =$

(14) $2 + 10 =$

(15) $6 + 10 =$

(16) $4 + 10 =$

(17) $8 + 10 =$

● 표준완성시간 : 1~2분

평가	아주 잘함	잘함	보통	부족함
오답수	1	2~5	6~8	9~

이름 :
날짜 : 월 일
시간 : : ~ :

● 15까지의 수에 더하기 10 ①

♣ 덧셈을 하세요.

(1) $1 + 10 =$

(2) $2 + 10 =$

(3) $4 + 10 =$

(4) $3 + 10 =$

(5) $5 + 10 =$

(6) $6 + 10 =$

(7) $8 + 10 =$

(8) $7 + 10 =$

(9) $9 + 10 =$

(10) $10 + 10 =$

(11) $1 + 10 =$

(12) $12 + 10 =$

(13) $3 + 10 =$

(14) $14 + 10 =$

(15) $5 + 10 =$

(16) $14 + 10 =$

(17) $13 + 10 =$

● 15까지의 수에 더하기 10 ②

♣ 덧셈을 하세요.

(1) 15 + 10 =

(2) 4 + 10 =

(3) 13 + 10 =

(4) 2 + 10 =

(5) 11 + 10 =

(6) 10 + 10 =

(7) 8 + 10 =

(8) 9 + 10 =

(9) $7 + 10 =$

(10) $6 + 10 =$

(11) $15 + 10 =$

(12) $4 + 10 =$

(13) $13 + 10 =$

(14) $2 + 10 =$

(15) $1 + 10 =$

(16) $14 + 10 =$

(17) $15 + 10 =$

● 표준완성시간 : 1~2분

평가	아주 잘함	잘함	보통	부족함
오답수	1	2~5	6~8	9~

이름 :
날짜 : 월 일
시간 : : ~ :

● 15까지의 수에 더하기 10 ③

♣ 덧셈을 하세요.

(1) 3 + 10 =

(2) 4 + 10 =

(3) 12 + 10 =

(4) 2 + 10 =

(5) 4 + 10 =

(6) 14 + 10 =

(7) 11 + 10 =

(8) 1 + 10 =

(9) 15 + 10 =

(10) 5 + 10 =

(11) 1 + 10 =

(12) 11 + 10 =

(13) 2 + 10 =

(14) 12 + 10 =

(15) 3 + 10 =

(16) 13 + 10 =

(17) 4 + 10 =

● 표준완성시간 : 1~2분

평가	아주 잘함	잘함	보통	부족함
오답수	1	2~5	6~8	9~

이름 :
날짜 : 월 일
시간 : : ~ :

● 15까지의 수에 더하기 10 ④

♣ 덧셈을 하세요.

(1) $1 + 10 =$

(2) $11 + 10 =$

(3) $2 + 10 =$

(4) $12 + 10 =$

(5) $3 + 10 =$

(6) $13 + 10 =$

(7) $4 + 10 =$

(8) $14 + 10 =$

(9) $5 + 10 =$

(10) $15 + 10 =$

(11) $4 + 10 =$

(12) $14 + 10 =$

(13) $3 + 10 =$

(14) $13 + 10 =$

(15) $2 + 10 =$

(16) $12 + 10 =$

(17) $1 + 10 =$

● 표준완성시간 : 1~2분

평가	아주 잘함	잘함	보통	부족함
오답수	1	2~5	6~8	9~

이 름 :
날짜 : 월 일
시간 : : ~ :

● 15까지의 수에 더하기 10 ⑤

♣ 덧셈을 하세요.

(1) $4 + 10 =$

(2) $13 + 10 =$

(3) $3 + 10 =$

(4) $10 + 10 =$

(5) $8 + 10 =$

(6) $9 + 10 =$

(7) $11 + 10 =$

(8) $14 + 10 =$

(9) $12 + 10 =$

(10) $1 + 10 =$

(11) $15 + 10 =$

(12) $3 + 10 =$

(13) $10 + 10 =$

(14) $6 + 10 =$

(15) $9 + 10 =$

(16) $14 + 10 =$

(17) $7 + 10 =$

● 표준완성시간 : 1~2분

평가	아주 잘함	잘함	보통	부족함
오답수	1	2~5	6~8	9~

이름 :
날짜 : 월 일
시간 : : ~ :

● 15까지의 수에 더하기 10 ⑥

♣ 덧셈을 하세요.

(1) 8 + 10 =

(2) 10 + 10 =

(3) 11 + 10 =

(4) 3 + 10 =

(5) 9 + 10 =

(6) 14 + 10 =

(7) 6 + 10 =

(8) 4 + 10 =

(9) 15 + 10 =

(10) 1 + 10 =

(11) 10 + 10 =

(12) 14 + 10 =

(13) 7 + 10 =

(14) 6 + 10 =

(15) 11 + 10 =

(16) 9 + 10 =

(17) 5 + 10 =

● 표준완성시간 : 1~2분

평가	아주 잘함	잘함	보통	부족함
오답수	1	2~5	6~8	9~

이름 :
날짜 : 월 일
시간 : : ~ :

● 15까지의 수에 더하기 10 ⑦

♣ 덧셈을 하세요.

(1) 2 + 10 =

(2) 5 + 10 =

(3) 3 + 10 =

(4) 7 + 10 =

(5) 6 + 10 =

(6) 10 + 10 =

(7) 11 + 10 =

(8) 14 + 10 =

(9) $10 + 10 =$

(10) $3 + 10 =$

(11) $2 + 10 =$

(12) $15 + 10 =$

(13) $9 + 10 =$

(14) $13 + 10 =$

(15) $8 + 10 =$

(16) $12 + 10 =$

(17) $5 + 10 =$

교재 등급

D단계 교재
166~180

개인별·능력별 학습 프로그램

기탄수학

학습 일정 관리표

공부한 날	교재 번호	오답 수	소요 시간	공부한 날	교재 번호	오답 수	소요 시간
.	166			.	175		
.	167			.	176		
.	168			.	177		
.	169			.	178		
.	170			.	179		
.	171			.	180		
.	172			평 균			
.	173			종합 평가	Ⓐ 아주 잘함 Ⓑ 잘함 Ⓒ 보통 Ⓓ 부족함		
.	174						

이번주는?

· 학습 방법	① 매일매일	② 가끔	③ 한꺼번에	– 하였습니다.
· 학습 태도	① 스스로 잘	② 시켜서 억지로		– 하였습니다.
· 학습 흥미	① 재미있게	② 싫증내며		– 하였습니다.
· 교재 내용	① 적합하다고	② 어렵다고	③ 쉽다고	– 하였습니다.

지도 교사가 부모님께	부모님이 지도 교사께

원(교) 반 이름 전화 –

기초 탄탄한 교육 · 기초 탄탄한 학습
기탄교육
www.gitan.co.kr/ (02)586-1007(대)

D교재 (166~180) 학습 내용

교재번호	내　용	표준완성시간
166	15까지의 수에 더하기 10 ⑧	1~2분
167	20까지의 수에 더하기 10 ①	
168	〃 ②	
169	〃 ③	
170	〃 ④	
171	〃 ⑤	
172	〃 ⑥	
173	〃 ⑦	
174	〃 ⑧	
175	〃 ⑨	
176	〃 ⑩	
177	〃 ⑪	
178	〃 ⑫	
179	〃 ⑬	
180	〃 ⑭	

● 학습 목표

20까지의 수에 더하기 10의 덧셈 연습을 통해서 암산력을 기르는 학습을 합니다.

● 지도 포인트

더하기 10은 어떤 수의 십의 자리수가 10만큼 커진 수와 같다라는 것을 연습을 통해서 알게 해 주십시오.

9+10=?　　19+10=?　　8+10=?　　18+10=?

등의 구두 테스트를 통해서 자연스럽게 그 관계를 알도록 유도해 주십시오.

● 표준완성시간 : 1~2분

평가	아주 잘함	잘함	보통	부족함
오답수	1	2~5	6~8	9~

이름 :
날짜 : 월 일
시간 : : ~ :

● 15까지의 수에 더하기 10 ⑧

♣ 덧셈을 하세요.

(1) $11 + 10 =$

(2) $3 + 10 =$

(3) $10 + 10 =$

(4) $2 + 10 =$

(5) $4 + 10 =$

(6) $12 + 10 =$

(7) $5 + 10 =$

(8) $8 + 10 =$

(9) $2 + 10 =$

(10) $3 + 10 =$

(11) $5 + 10 =$

(12) $15 + 10 =$

(13) $1 + 10 =$

(14) $6 + 10 =$

(15) $8 + 10 =$

(16) $11 + 10 =$

(17) $9 + 10 =$

● 표준완성시간 : 1~2분

평가	아주 잘함	잘함	보통	부족함
오답수	1	2~5	6~8	9~

이름 :
날짜 : 월 일
시간 : : ~ :

● 20까지의 수에 더하기 10 ①

♣ 덧셈을 하세요.

(1) $2 + 10 =$

(2) $13 + 10 =$

(3) $4 + 10 =$

(4) $15 + 10 =$

(5) $6 + 10 =$

(6) $17 + 10 =$

(7) $8 + 10 =$

(8) $19 + 10 =$

(9) $20 + 10 =$

(10) $11 + 10 =$

(11) $2 + 10 =$

(12) $13 + 10 =$

(13) $4 + 10 =$

(14) $15 + 10 =$

(15) $6 + 10 =$

(16) $17 + 10 =$

(17) $8 + 10 =$

● 표준완성시간 : 1~2분

평가	아주 잘함	잘함	보통	부족함
오답수	1	2~5	6~8	9~

이름 :
날짜 : 월 일
시간 : : ~ :

● 20까지의 수에 더하기 10 ②

♣ 덧셈을 하세요.

(1) 20 + 10 =

(2) 9 + 10 =

(3) 18 + 10 =

(4) 7 + 10 =

(5) 16 + 10 =

(6) 5 + 10 =

(7) 14 + 10 =

(8) 3 + 10 =

(9) $12 + 10 =$

(10) $11 + 10 =$

(11) $20 + 10 =$

(12) $9 + 10 =$

(13) $18 + 10 =$

(14) $7 + 10 =$

(15) $16 + 10 =$

(16) $5 + 10 =$

(17) $14 + 10 =$

● 표준완성시간 : 1~2분

평가	아주 잘함	잘함	보통	부족함
오답수	1	2~5	6~8	9~

이름 :
날짜 : 월 일
시간 : : ~ :

● 20까지의 수에 더하기 10 ③

♣ 덧셈을 하세요.

(1) $1 + 10 =$

(2) $11 + 10 =$

(3) $2 + 10 =$

(4) $12 + 10 =$

(5) $3 + 10 =$

(6) $13 + 10 =$

(7) $4 + 10 =$

(8) $14 + 10 =$

(9) $5 + 10 =$

(10) $15 + 10 =$

(11) $6 + 10 =$

(12) $16 + 10 =$

(13) $7 + 10 =$

(14) $17 + 10 =$

(15) $8 + 10 =$

(16) $18 + 10 =$

(17) $9 + 10 =$

● 표준완성시간 : 1~2분

평가	아주 잘함	잘함	보통	부족함
오답수	1	2~5	6~8	9~

이름 :
날짜 : 월 일
시간 : : ~ :

20까지의 수에 더하기 10 ④

♣ 덧셈을 하세요.

(1) 9 + 10 =

(2) 19 + 10 =

(3) 8 + 10 =

(4) 18 + 10 =

(5) 7 + 10 =

(6) 17 + 10 =

(7) 6 + 10 =

(8) 16 + 10 =

(9) $5 + 10 =$

(10) $15 + 10 =$

(11) $4 + 10 =$

(12) $14 + 10 =$

(13) $3 + 10 =$

(14) $13 + 10 =$

(15) $2 + 10 =$

(16) $12 + 10 =$

(17) $1 + 10 =$

● 표준완성시간 : 1~2분

평가	아주 잘함	잘함	보통	부족함
오답수	1	2~5	6~8	9~

이름 :
날짜 : 월 일
시간 : : ~ :

● 20까지의 수에 더하기 10 ⑤

♣ 덧셈을 하세요.

(1) 3 + 10 =

(2) 5 + 10 =

(3) 10 + 10 =

(4) 11 + 10 =

(5) 5 + 10 =

(6) 16 + 10 =

(7) 8 + 10 =

(8) 19 + 10 =

(9) $17 + 10 =$

(10) $6 + 10 =$

(11) $12 + 10 =$

(12) $4 + 10 =$

(13) $13 + 10 =$

(14) $7 + 10 =$

(15) $20 + 10 =$

(16) $8 + 10 =$

(17) $14 + 10 =$

● 표준완성시간 : 1~2분

평가	아주 잘함	잘함	보통	부족함
오답수	1	2~5	6~8	9~

이름 :
날짜 : 월 일
시간 : : ~ :

● 20까지의 수에 더하기 10 ⑥

♣ 덧셈을 하세요.

(1) 4 + 10 =

(2) 15 + 10 =

(3) 3 + 10 =

(4) 8 + 10 =

(5) 16 + 10 =

(6) 7 + 10 =

(7) 18 + 10 =

(8) 19 + 10 =

(9) 13 + 10 =

(10) 4 + 10 =

(11) 17 + 10 =

(12) 9 + 10 =

(13) 8 + 10 =

(14) 19 + 10 =

(15) 3 + 10 =

(16) 20 + 10 =

(17) 11 + 10 =

● 표준완성시간 : 1~2분

평가	아주 잘함	잘함	보통	부족함
오답수	1	2~5	6~8	9~

이름 :
날짜 : 월 일
시간 : : ~ :

● 20까지의 수에 더하기 10 ⑦

♣ 덧셈을 하세요.

(1) 15 + 10 =

(2) 4 + 10 =

(3) 13 + 10 =

(4) 2 + 10 =

(5) 12 + 10 =

(6) 1 + 10 =

(7) 19 + 10 =

(8) 10 + 10 =

(9) $18 + 10 =$

(10) $1 + 10 =$

(11) $14 + 10 =$

(12) $5 + 10 =$

(13) $20 + 10 =$

(14) $11 + 10 =$

(15) $6 + 10 =$

(16) $17 + 10 =$

(17) $9 + 10 =$

● 표준완성시간 : 1~2분

평가	아주 잘함	잘함	보통	부족함
오답수	1	2~5	6~8	9~

이름 :
날짜 : 월 일
시간 : : ~ :

● 20까지의 수에 더하기 10 ⑧

♣ 덧셈을 하세요.

(1) 16 + 10 =

(2) 5 + 10 =

(3) 8 + 10 =

(4) 17 + 10 =

(5) 3 + 10 =

(6) 1 + 10 =

(7) 18 + 10 =

(8) 16 + 10 =

(9) 5 + 10 =

(10) 15 + 10 =

(11) 16 + 10 =

(12) 6 + 10 =

(13) 17 + 10 =

(14) 7 + 10 =

(15) 8 + 10 =

(16) 18 + 10 =

(17) 9 + 10 =

● 표준완성시간 : 1~2분

평가	아주 잘함	잘함	보통	부족함
오답수	1	2~5	6~8	9~

이름 :	
날짜 :	월 일
시간 :	: ~ :

● 20까지의 수에 더하기 10 ⑩

♣ 덧셈을 하세요.

(1) $9 + 10 =$

(2) $19 + 10 =$

(3) $8 + 10 =$

(4) $18 + 10 =$

(5) $7 + 10 =$

(6) $17 + 10 =$

(7) $6 + 10 =$

(8) $16 + 10 =$

(9) 5 + 10 =

(10) 15 + 10 =

(11) 4 + 10 =

(12) 14 + 10 =

(13) 3 + 10 =

(14) 13 + 10 =

(15) 2 + 10 =

(16) 12 + 10 =

(17) 1 + 10 =

● 표준완성시간 : 1~2분

평가	아주 잘함	잘함	보통	부족함
오답수	1	2~5	6~8	9~

이름 :
날짜 : 월 일
시간 : : ~ :

● 20까지의 수에 더하기 10 ⑪

♣ 덧셈을 하세요.

(1) 4 + 10 =

(2) 13 + 10 =

(3) 2 + 10 =

(4) 15 + 10 =

(5) 6 + 10 =

(6) 17 + 10 =

(7) 8 + 10 =

(8) 19 + 10 =

(9) $10 + 10 =$

(10) $11 + 10 =$

(11) $2 + 10 =$

(12) $13 + 10 =$

(13) $14 + 10 =$

(14) $15 + 10 =$

(15) $6 + 10 =$

(16) $17 + 10 =$

(17) $8 + 10 =$

● 표준완성시간 : 1~2분

평가	아주 잘함	잘함	보통	부족함
오답수	1	2~5	6~8	9~

이름 :
날짜 : 월 일
시간 : : ~ :

● 20까지의 수에 더하기 10 ⑫

♣ 덧셈을 하세요.

(1) 20 + 10 =

(2) 9 + 10 =

(3) 18 + 10 =

(4) 7 + 10 =

(5) 16 + 10 =

(6) 15 + 10 =

(7) 14 + 10 =

(8) 3 + 10 =

(9) 12 + 10 =

(10) 11 + 10 =

(11) 20 + 10 =

(12) 9 + 10 =

(13) 8 + 10 =

(14) 7 + 10 =

(15) 16 + 10 =

(16) 5 + 10 =

(17) 4 + 10 =

● 표준완성시간 : 1~2분

평가	아주 잘함	잘함	보통	부족함
오답수	1	2~5	6~8	9~

이름 :
날짜 : 월 일
시간 : : ~ :

● 20까지의 수에 더하기 10 ⑬

♣ 덧셈을 하세요.

(1) $14 + 10 =$

(2) $1 + 10 =$

(3) $17 + 10 =$

(4) $3 + 10 =$

(5) $8 + 10 =$

(6) $11 + 10 =$

(7) $9 + 10 =$

(8) $5 + 10 =$

(9) $10 + 10 =$

(10) $7 + 10 =$

(11) $16 + 10 =$

(12) $4 + 10 =$

(13) $7 + 10 =$

(14) $15 + 10 =$

(15) $2 + 10 =$

(16) $18 + 10 =$

(17) $20 + 10 =$

● 표준완성시간 : 1~2분

평가	아주 잘함	잘함	보통	부족함
오답수	1	2~5	6~8	9~

이름 :
날짜 : 월 일
시간 : : ~ :

● 20까지의 수에 더하기 10 ⑭

♣ 덧셈을 하세요.

(1) $4 + 10 =$

(2) $9 + 10 =$

(3) $15 + 10 =$

(4) $3 + 10 =$

(5) $18 + 10 =$

(6) $1 + 10 =$

(7) $19 + 10 =$

(8) $16 + 10 =$

(9) 12 + 10 =

(10) 5 + 10 =

(11) 10 + 10 =

(12) 6 + 10 =

(13) 7 + 10 =

(14) 11 + 10 =

(15) 2 + 10 =

(16) 13 + 10 =

(17) 20 + 10 =

이 교재를 모두 다 끝낸 후 실시해 주세요.

성취도 테스트

기초 탄탄 기탄수학

80문항 / 표준완성시간 10분

● 성취도 테스트 실시 목적

① 지금까지 학습해 온 D단계 교재 ③집을 어느 정도 정확하고 빠르게 습득했는지 성취도를 테스트하기 위하여 실시합니다.
② 이 교재의 어느 부분이 부족한지 오답의 성질을 분석, 약점을 보완하고 지도 점검의 자료로 활용합니다.
③ 다음 교재 학습을 위하여 즐겁고 자신있게 풀 수 있도록 동기를 부여하고 자극을 주는 데 평가의 목적이 있습니다.

● 실시 방법

① 먼저 이름, 실시 연월일, 시작 시각과 끝낸 시각을 쓰고 시간을 정확히 재면서 문제를 풀게 합니다.
② 가능하면 표준완성시간 내에 풀게 해 주십시오.
만약, 시간 내에 풀지 못하면 푼 데까지 표시해 놓고, 그대로 다 풀 때까지 계속해 주십시오.
이 때 문제를 다 푼 시간을 앞면의 소요 시간 란에 써 주십시오.
③ 시간이 남더라도 검토는 마십시오.
④ 채점은 어머니께서 직접 해 주시고 정답 수를 기록해 주십시오.

원(교)　　　반　이름

■실시 연월일 :　　　년　　월　　일 ■소요 시간 :　　　시　　분 ~　　시　　분(　　/10분)

※ 어머니께서 감독해 주십시오.

(1) $4 + 9 =$

(2) $6 + 9 =$

(3) $9 + 9 =$

(4) $1 + 9 =$

(5) $8 + 9 =$

(6) $3 + 9 =$

(7) $7 + 9 =$

(8) $2 + 9 =$

(9) $5 + 9 =$

(10) $8 + 9 =$

(11) $7 + 9 =$

(12) $3 + 9 =$

(13) $9 + 9 =$

(14) $1 + 9 =$

(15) $6 + 9 =$

(16) $2 + 9 =$

(17) 6 + 9 =

(18) 9 + 9 =

(19) 3 + 9 =

(20) 5 + 9 =

(21) 8 + 9 =

(22) 1 + 9 =

(23) 6 + 9 =

(24) 4 + 9 =

(25) 5 + 10 =

(26) 2 + 10 =

(27) 7 + 10 =

(28) 4 + 10 =

(29) 8 + 10 =

(30) 1 + 10 =

(31) 6 + 10 =

(32) 3 + 10 =

(33) $4 + 10 =$

(34) $7 + 10 =$

(35) $1 + 10 =$

(36) $5 + 10 =$

(37) $8 + 10 =$

(38) $2 + 10 =$

(39) $6 + 10 =$

(40) $9 + 10 =$

(41) $3 + 10 =$

(42) $5 + 10 =$

(43) $8 + 10 =$

(44) $7 + 10 =$

(45) $2 + 10 =$

(46) $4 + 10 =$

(47) $6 + 10 =$

(48) $3 + 10 =$

(49) 2 + 9 =

(50) 6 + 9 =

(51) 3 + 10 =

(52) 5 + 10 =

(53) 4 + 9 =

(54) 7 + 9 =

(55) 2 + 10 =

(56) 6 + 10 =

(57) 1 + 9 =

(58) 8 + 9 =

(59) 4 + 10 =

(60) 7 + 10 =

(61) 3 + 9 =

(62) 5 + 9 =

(63) 1 + 10 =

(64) 8 + 10 =

(65) 2 + 9 =

(66) 6 + 10 =

(67) 5 + 9 =

(68) 4 + 10 =

(69) 7 + 9 =

(70) 9 + 10 =

(71) 1 + 9 =

(72) 3 + 10 =

(73) 6 + 9 =

(74) 8 + 10 =

(75) 3 + 9 =

(76) 5 + 10 =

(77) 8 + 9 =

(78) 7 + 10 =

(79) 4 + 9 =

(80) 2 + 10 =

D단계 교재③
(121~180)
성취도 테스트 결과표

■ 이름 :

■ 소요 시간 : / 10분(표준완성시간)

■ 정답 수 : / 80문항

구 분	성취도 테스트 결과			
정 답 수	80~72	71~56	55~40	39~
소요 시간	7분 이내	10분 이내	12분 이내	12분 이상
성 취 도	A	B	C	D

※ 점수별 등급에 V표 하세요.

●점수별 등급

☐ **A등급 – 아주 잘함**

현재 아주 잘하고 있으니 칭찬을 많이 해 주세요.
현재 학습한 교재에 대한 성취도가 매우 높습니다.
D4집 교재를 바로 시작하세요.

☐ **B등급 – 잘함**

현재 잘하고 있으니 더욱 잘할 수 있도록
격려해 주세요.
현재 학습한 교재에 대한 성취도가 충분합니다.
D4집 교재를 바로 시작하세요.

☐ **C등급 – 보통**

현재 잘하고 있으나 성취도가 충분치 못하니 더욱
잘할 수 있도록 격려해 주세요.
현재 학습한 교재에 대한 성취도가 보통입니다.
틀린 부분을 다시 한번 더 공부한 후,
D4집 교재를 시작하세요.

☐ **D등급 – 부족**

현재 학습한 교재에 대한 성취도가 아주 부족한
편입니다.
분발할 수 있도록 용기를 주시고 교재 선택,
학습 태도, 방법 등을 재점검해 주세요.
D3집 교재를 복습한 후, D4집 교재를 시작하세요.

교재 등급

D단계 교재 ③
121~180

개인별·능력별 학습 프로그램

기탄®수학

정답

※ 정답은 따로 보관하고 있다가
채점할 때 사용해 주세요.

기초 탄탄한 교육·기초 탄탄한 학습
G 기탄교육
www.gitan.co.kr/ (02)586-1007(대)

D단계 교재
121~135

기탄수학 정답 D-3

D - 121
① 10 ② 11 ③ 15 ④ 13 ⑤ 14
⑥ 12 ⑦ 16 ⑧ 17 ⑨ 18 ⑩ 17
⑪ 13 ⑫ 15 ⑬ 14 ⑭ 16 ⑮ 12
⑯ 11 ⑰ 10

D - 122
① 13 ② 17 ③ 14 ④ 18 ⑤ 10
⑥ 12 ⑦ 15 ⑧ 16 ⑨ 11 ⑩ 15
⑪ 12 ⑫ 16 ⑬ 10 ⑭ 13 ⑮ 14
⑯ 18 ⑰ 17

D - 123
① 10 ② 12 ③ 14 ④ 16 ⑤ 11
⑥ 13 ⑦ 15 ⑧ 17 ⑨ 18 ⑩ 16
⑪ 12 ⑫ 17 ⑬ 15 ⑭ 13 ⑮ 14
⑯ 10 ⑰ 11

D - 124
① 17 ② 13 ③ 14 ④ 18 ⑤ 10
⑥ 11 ⑦ 15 ⑧ 12 ⑨ 15 ⑩ 14
⑪ 12 ⑫ 17 ⑬ 10 ⑭ 18 ⑮ 13
⑯ 16 ⑰ 11

D - 125
① 10 ② 11 ③ 13 ④ 12 ⑤ 14
⑥ 15 ⑦ 17 ⑧ 16 ⑨ 18 ⑩ 17
⑪ 15 ⑫ 16 ⑬ 14 ⑭ 13 ⑮ 10
⑯ 11 ⑰ 12

D - 126
① 13 ② 17 ③ 12 ④ 14 ⑤ 10
⑥ 11 ⑦ 18 ⑧ 15 ⑨ 11 ⑩ 16
⑪ 10 ⑫ 12 ⑬ 18 ⑭ 17 ⑮ 13
⑯ 14 ⑰ 15

D - 127
① 12 ② 16 ③ 10 ④ 15 ⑤ 11
⑥ 17 ⑦ 13 ⑧ 18 ⑨ 11 ⑩ 10
⑪ 13 ⑫ 14 ⑬ 12 ⑭ 18 ⑮ 17
⑯ 15 ⑰ 16

D - 128
① 18 ② 13 ③ 16 ④ 11 ⑤ 14
⑥ 12 ⑦ 10 ⑧ 15 ⑨ 17 ⑩ 10
⑪ 12 ⑫ 15 ⑬ 14 ⑭ 13 ⑮ 16
⑯ 18 ⑰ 11

D - 129
① 14 ② 15 ③ 11 ④ 10 ⑤ 13
⑥ 12 ⑦ 17 ⑧ 18 ⑨ 17 ⑩ 12
⑪ 10 ⑫ 14 ⑬ 15 ⑭ 13 ⑮ 18
⑯ 11 ⑰ 16

D - 130
① 13 ② 14 ③ 12 ④ 17 ⑤ 10
⑥ 11 ⑦ 18 ⑧ 15 ⑨ 16 ⑩ 10
⑪ 13 ⑫ 18 ⑬ 12 ⑭ 14 ⑮ 17
⑯ 15 ⑰ 11

D - 131
① 12 ② 11 ③ 10 ④ 13 ⑤ 14
⑥ 17 ⑦ 16 ⑧ 15 ⑨ 18 ⑩ 19
⑪ 10 ⑫ 21 ⑬ 22 ⑭ 13 ⑮ 24
⑯ 18 ⑰ 20

D - 132
① 20 ② 18 ③ 24 ④ 23 ⑤ 12
⑥ 21 ⑦ 20 ⑧ 19 ⑨ 18 ⑩ 17
⑪ 13 ⑫ 15 ⑬ 14 ⑭ 23 ⑮ 12
⑯ 21 ⑰ 10

D - 133
① 10 ② 20 ③ 11 ④ 21 ⑤ 12
⑥ 22 ⑦ 13 ⑧ 23 ⑨ 14 ⑩ 24
⑪ 10 ⑫ 20 ⑬ 11 ⑭ 21 ⑮ 12
⑯ 22 ⑰ 19

D - 134
① 14 ② 24 ③ 13 ④ 23 ⑤ 12
⑥ 22 ⑦ 11 ⑧ 21 ⑨ 10 ⑩ 20
⑪ 19 ⑫ 17 ⑬ 18 ⑭ 16 ⑮ 15
⑯ 24 ⑰ 13

D - 135
① 13 ② 24 ③ 12 ④ 17 ⑤ 22
⑥ 16 ⑦ 17 ⑧ 18 ⑨ 22 ⑩ 23
⑪ 16 ⑫ 24 ⑬ 10 ⑭ 20 ⑮ 11
⑯ 15 ⑰ 19

기탄수학 정답 D-3

D단계 교재 136~150

D - 136

① 13 ② 22 ③ 12 ④ 19 ⑤ 17
⑥ 18 ⑦ 20 ⑧ 23 ⑨ 21 ⑩ 10
⑪ 21 ⑫ 12 ⑬ 19 ⑭ 15 ⑮ 18
⑯ 24 ⑰ 16

D - 137

① 17 ② 19 ③ 20 ④ 12 ⑤ 18
⑥ 23 ⑦ 15 ⑧ 13 ⑨ 24 ⑩ 10
⑪ 19 ⑫ 23 ⑬ 16 ⑭ 15 ⑮ 20
⑯ 18 ⑰ 14

D - 138

① 11 ② 14 ③ 12 ④ 16 ⑤ 15
⑥ 19 ⑦ 20 ⑧ 23 ⑨ 19 ⑩ 12
⑪ 11 ⑫ 20 ⑬ 18 ⑭ 23 ⑮ 17
⑯ 22 ⑰ 14

D - 139

① 14 ② 15 ③ 26 ④ 17 ⑤ 18
⑥ 29 ⑦ 20 ⑧ 21 ⑨ 22 ⑩ 23
⑪ 14 ⑫ 25 ⑬ 26 ⑭ 17 ⑮ 28
⑯ 29 ⑰ 20

D - 140

① 30 ② 19 ③ 28 ④ 17 ⑤ 26
⑥ 15 ⑦ 24 ⑧ 23 ⑨ 22 ⑩ 21
⑪ 30 ⑫ 19 ⑬ 28 ⑭ 17 ⑮ 26
⑯ 15 ⑰ 24

D - 141

① 11 ② 21 ③ 12 ④ 22 ⑤ 13
⑥ 23 ⑦ 14 ⑧ 24 ⑨ 15 ⑩ 25
⑪ 16 ⑫ 26 ⑬ 17 ⑭ 27 ⑮ 18
⑯ 28 ⑰ 29

D - 142

① 18 ② 28 ③ 17 ④ 27 ⑤ 16
⑥ 26 ⑦ 15 ⑧ 25 ⑨ 14 ⑩ 24
⑪ 13 ⑫ 23 ⑬ 12 ⑭ 22 ⑮ 11
⑯ 21 ⑰ 19

D - 143

① 16 ② 18 ③ 25 ④ 27 ⑤ 12
⑥ 24 ⑦ 15 ⑧ 13 ⑨ 30 ⑩ 17
⑪ 26 ⑫ 12 ⑬ 28 ⑭ 10 ⑮ 29
⑯ 11 ⑰ 22

D - 144

① 15 ② 22 ③ 14 ④ 30 ⑤ 17
⑥ 28 ⑦ 13 ⑧ 11 ⑨ 19 ⑩ 10
⑪ 18 ⑫ 24 ⑬ 12 ⑭ 25 ⑮ 29
⑯ 21 ⑰ 13

D - 145

① 17 ② 26 ③ 18 ④ 25 ⑤ 14
⑥ 22 ⑦ 19 ⑧ 20 ⑨ 23 ⑩ 16
⑪ 28 ⑫ 11 ⑬ 24 ⑭ 10 ⑮ 27
⑯ 30 ⑰ 29

D - 146

① 26 ② 10 ③ 22 ④ 13 ⑤ 28
⑥ 14 ⑦ 19 ⑧ 16 ⑨ 24 ⑩ 15
⑪ 30 ⑫ 17 ⑬ 23 ⑭ 11 ⑮ 29
⑯ 21 ⑰ 27

D - 147

① 11 ② 21 ③ 13 ④ 23 ⑤ 12
⑥ 22 ⑦ 14 ⑧ 24 ⑨ 15 ⑩ 25
⑪ 18 ⑫ 28 ⑬ 17 ⑭ 27 ⑮ 16
⑯ 26 ⑰ 29

D - 148

① 15 ② 25 ③ 17 ④ 27 ⑤ 16
⑥ 26 ⑦ 18 ⑧ 28 ⑨ 12 ⑩ 22
⑪ 13 ⑫ 23 ⑬ 14 ⑭ 24 ⑮ 11
⑯ 21 ⑰ 30

D - 149

① 12 ② 30 ③ 29 ④ 20 ⑤ 14
⑥ 25 ⑦ 17 ⑧ 28 ⑨ 26 ⑩ 15
⑪ 21 ⑫ 13 ⑬ 22 ⑭ 16 ⑮ 24
⑯ 17 ⑰ 23

D - 150

① 13 ② 24 ③ 12 ④ 17 ⑤ 25
⑥ 16 ⑦ 27 ⑧ 30 ⑨ 22 ⑩ 13
⑪ 26 ⑫ 30 ⑬ 17 ⑭ 28 ⑮ 12
⑯ 19 ⑰ 20

D단계 교재
151~165

기탄수학 정답 D-3

D - 151

① 11 ② 12 ③ 16 ④ 14 ⑤ 15

⑥ 13 ⑦ 17 ⑧ 18 ⑨ 19 ⑩ 18

⑪ 14 ⑫ 16 ⑬ 15 ⑭ 17 ⑮ 13

⑯ 12 ⑰ 11

D - 152

① 19 ② 18 ③ 16 ④ 15 ⑤ 17

⑥ 14 ⑦ 12 ⑧ 13 ⑨ 11 ⑩ 13

⑪ 15 ⑫ 17 ⑬ 19 ⑭ 12 ⑮ 14

⑯ 16 ⑰ 18

D - 153

① 12 ② 14 ③ 16 ④ 18 ⑤ 11

⑥ 13 ⑦ 15 ⑧ 17 ⑨ 19 ⑩ 17

⑪ 15 ⑫ 13 ⑬ 11 ⑭ 12 ⑮ 14

⑯ 16 ⑰ 18

D - 154

① 14 ② 18 ③ 15 ④ 19 ⑤ 11

⑥ 13 ⑦ 16 ⑧ 17 ⑨ 12 ⑩ 16

⑪ 13 ⑫ 17 ⑬ 11 ⑭ 14 ⑮ 15

⑯ 19 ⑰ 18

D - 155

① 18 ② 14 ③ 15 ④ 19 ⑤ 11

⑥ 12 ⑦ 16 ⑧ 13 ⑨ 16 ⑩ 15

⑪ 13 ⑫ 18 ⑬ 11 ⑭ 19 ⑮ 14

⑯ 17 ⑰ 12

D - 156

① 14 ② 18 ③ 13 ④ 15 ⑤ 11

⑥ 12 ⑦ 19 ⑧ 16 ⑨ 12 ⑩ 17

⑪ 11 ⑫ 13 ⑬ 19 ⑭ 18 ⑮ 14

⑯ 15 ⑰ 16

D - 157

① 11 ② 12 ③ 13 ④ 14 ⑤ 15

⑥ 16 ⑦ 17 ⑧ 18 ⑨ 19 ⑩ 18

⑪ 12 ⑫ 16 ⑬ 15 ⑭ 14 ⑮ 17

⑯ 13 ⑰ 11

D - 158

① 18 ② 16 ③ 12 ④ 14 ⑤ 13

⑥ 11 ⑦ 15 ⑧ 17 ⑨ 19 ⑩ 17

⑪ 13 ⑫ 15 ⑬ 11 ⑭ 12 ⑮ 16

⑯ 14 ⑰ 18

D - 159

① 11 ② 12 ③ 14 ④ 13 ⑤ 15

⑥ 16 ⑦ 18 ⑧ 17 ⑨ 19 ⑩ 20

⑪ 11 ⑫ 22 ⑬ 13 ⑭ 24 ⑮ 15

⑯ 24 ⑰ 23

D - 160

① 25 ② 14 ③ 23 ④ 12 ⑤ 21

⑥ 20 ⑦ 18 ⑧ 19 ⑨ 17 ⑩ 16

⑪ 25 ⑫ 14 ⑬ 23 ⑭ 12 ⑮ 11

⑯ 24 ⑰ 25

D - 161

① 13 ② 14 ③ 22 ④ 12 ⑤ 14

⑥ 24 ⑦ 21 ⑧ 11 ⑨ 25 ⑩ 15

⑪ 11 ⑫ 21 ⑬ 12 ⑭ 22 ⑮ 13

⑯ 23 ⑰ 14

D - 162

① 11 ② 21 ③ 12 ④ 22 ⑤ 13

⑥ 23 ⑦ 14 ⑧ 24 ⑨ 15 ⑩ 25

⑪ 14 ⑫ 24 ⑬ 13 ⑭ 23 ⑮ 12

⑯ 22 ⑰ 11

D - 163

① 14 ② 23 ③ 13 ④ 20 ⑤ 18

⑥ 19 ⑦ 21 ⑧ 24 ⑨ 22 ⑩ 11

⑪ 25 ⑫ 13 ⑬ 20 ⑭ 16 ⑮ 19

⑯ 24 ⑰ 17

D - 164

① 18 ② 20 ③ 21 ④ 13 ⑤ 19

⑥ 24 ⑦ 16 ⑧ 14 ⑨ 25 ⑩ 11

⑪ 20 ⑫ 24 ⑬ 17 ⑭ 16 ⑮ 21

⑯ 19 ⑰ 15

D - 165

① 12 ② 15 ③ 13 ④ 17 ⑤ 16

⑥ 20 ⑦ 21 ⑧ 24 ⑨ 20 ⑩ 13

⑪ 12 ⑫ 25 ⑬ 19 ⑭ 23 ⑮ 18

⑯ 22 ⑰ 15

D - 166

① 21 ② 13 ③ 20 ④ 12 ⑤ 14
⑥ 22 ⑦ 15 ⑧ 18 ⑨ 12 ⑩ 13
⑪ 15 ⑫ 25 ⑬ 11 ⑭ 16 ⑮ 18
⑯ 21 ⑰ 19

D - 167

① 12 ② 23 ③ 14 ④ 25 ⑤ 16
⑥ 27 ⑦ 18 ⑧ 29 ⑨ 30 ⑩ 21
⑪ 12 ⑫ 23 ⑬ 14 ⑭ 25 ⑮ 16
⑯ 27 ⑰ 18

D - 168

① 30 ② 19 ③ 28 ④ 17 ⑤ 26
⑥ 15 ⑦ 24 ⑧ 13 ⑨ 22 ⑩ 21
⑪ 30 ⑫ 19 ⑬ 28 ⑭ 17 ⑮ 26
⑯ 15 ⑰ 24

D - 169

① 11 ② 21 ③ 12 ④ 22 ⑤ 13
⑥ 23 ⑦ 14 ⑧ 24 ⑨ 15 ⑩ 25
⑪ 16 ⑫ 26 ⑬ 17 ⑭ 27 ⑮ 18
⑯ 28 ⑰ 19

D - 170

① 19 ② 29 ③ 18 ④ 28 ⑤ 17
⑥ 27 ⑦ 16 ⑧ 26 ⑨ 15 ⑩ 25
⑪ 14 ⑫ 24 ⑬ 13 ⑭ 23 ⑮ 12
⑯ 22 ⑰ 11

D - 171

① 13 ② 15 ③ 20 ④ 21 ⑤ 15
⑥ 26 ⑦ 18 ⑧ 29 ⑨ 27 ⑩ 16
⑪ 22 ⑫ 14 ⑬ 23 ⑭ 17 ⑮ 30
⑯ 18 ⑰ 24

D - 172

① 14 ② 25 ③ 13 ④ 18 ⑤ 26
⑥ 17 ⑦ 28 ⑧ 29 ⑨ 23 ⑩ 14
⑪ 27 ⑫ 19 ⑬ 18 ⑭ 29 ⑮ 13
⑯ 30 ⑰ 21

D - 173

① 25 ② 14 ③ 23 ④ 12 ⑤ 22
⑥ 11 ⑦ 29 ⑧ 20 ⑨ 28 ⑩ 11
⑪ 24 ⑫ 15 ⑬ 30 ⑭ 21 ⑮ 16
⑯ 27 ⑰ 19

D - 174

① 26 ② 15 ③ 18 ④ 27 ⑤ 13
⑥ 11 ⑦ 28 ⑧ 26 ⑨ 21 ⑩ 17
⑪ 29 ⑫ 11 ⑬ 23 ⑭ 30 ⑮ 12
⑯ 19 ⑰ 24

D - 175

① 11 ② 21 ③ 12 ④ 22 ⑤ 23
⑥ 13 ⑦ 24 ⑧ 14 ⑨ 15 ⑩ 25
⑪ 26 ⑫ 16 ⑬ 27 ⑭ 17 ⑮ 18
⑯ 28 ⑰ 19

D - 176

① 19 ② 29 ③ 18 ④ 28 ⑤ 17
⑥ 27 ⑦ 16 ⑧ 26 ⑨ 15 ⑩ 25
⑪ 14 ⑫ 24 ⑬ 13 ⑭ 23 ⑮ 12
⑯ 22 ⑰ 11

D - 177

① 14 ② 23 ③ 12 ④ 25 ⑤ 16
⑥ 27 ⑦ 18 ⑧ 29 ⑨ 20 ⑩ 21
⑪ 12 ⑫ 23 ⑬ 24 ⑭ 25 ⑮ 16
⑯ 27 ⑰ 18

D - 178

① 30 ② 19 ③ 28 ④ 17 ⑤ 26
⑥ 25 ⑦ 24 ⑧ 13 ⑨ 22 ⑩ 21
⑪ 30 ⑫ 19 ⑬ 18 ⑭ 17 ⑮ 26
⑯ 15 ⑰ 14

D - 179

① 24 ② 11 ③ 27 ④ 13 ⑤ 18
⑥ 21 ⑦ 19 ⑧ 15 ⑨ 20 ⑩ 17
⑪ 26 ⑫ 14 ⑬ 17 ⑭ 25 ⑮ 12
⑯ 28 ⑰ 30

D - 180

① 14 ② 19 ③ 25 ④ 13 ⑤ 28
⑥ 11 ⑦ 29 ⑧ 26 ⑨ 22 ⑩ 15
⑪ 20 ⑫ 16 ⑬ 17 ⑭ 21 ⑮ 12
⑯ 23 ⑰ 30

D단계 교재 ③
성취도 테스트

기탄수학 정답 D-3

D3 - ①

(1) 13	(2) 15	(3) 18	(4) 10
(5) 17	(6) 12	(7) 16	(8) 11
(9) 14	(10) 17	(11) 16	(12) 12
(13) 18	(14) 10	(15) 15	(16) 11

D3 - ②

(17) 15	(18) 18	(19) 12	(20) 14
(21) 17	(22) 10	(23) 15	(24) 13
(25) 15	(26) 12	(27) 17	(28) 14
(29) 18	(30) 11	(31) 16	(32) 13

D3 - ③

(33) 14	(34) 17	(35) 11	(36) 15
(37) 18	(38) 12	(39) 16	(40) 19
(41) 13	(42) 15	(43) 18	(44) 17
(45) 12	(46) 14	(47) 16	(48) 13

D3 - ④

(49) 11	(50) 15	(51) 13	(52) 15
(53) 13	(54) 16	(55) 12	(56) 16
(57) 10	(58) 17	(59) 14	(60) 17
(61) 12	(62) 14	(63) 11	(64) 18

D3 - ⑤

(65) 11	(66) 16	(67) 14	(68) 14
(69) 16	(70) 19	(71) 10	(72) 13
(73) 15	(74) 18	(75) 12	(76) 15
(77) 17	(78) 17	(79) 13	(80) 12

기탄수학 특별부록

실생활의 문제를 수학적으로 사고하여 해결할 수 있는

4분 문장제 학습

수학의 기본인 연산 과정과 같이 매일 이 문장제 학습을 풀어 보세요. 수학적으로 사고하는 능력이 길러지고, 여러 가지 문제를 합리적으로 해결할 수 있을 것입니다. 수학에 대한 흥미와 관심 또한 자연스레 가지게 될 것입니다.

TRAINING

D-3

기탄교육
www.gitan.co.kr/ (02)586-1007(대)

이름		날짜	월 일	시간	: ~ :

1 동생을 주려고 딸기맛 사탕 7개 오렌지맛 사탕 9개를 샀습니다. 사탕을 모두 몇 개 샀습니까?

식 답 개

2 연못에 까만 오리 8마리가 살고 있습니다. 겨울이 되자 하얀 오리 9마리가 이사해 왔습니다. 이 연못에 사는 오리는 모두 몇 마리입니까?

식 답 마리

3 재준이는 7살이고 누나는 8살입니다. 두 사람의 나이를 더하면 모두 몇 살입니까?

식 답 살

● 정답 수 : [ ]

이름		날짜	월 일	시간	: ~ :

1 새롬이는 가족들과 함께 사과 6개, 배 9개를 먹었습니다. 새롬이네 가족이 먹은 과일은 모두 몇 개입니까?

식 ______ 답 ______ 개

2 엄마 돼지 2마리, 아기 돼지 9마리가 냇가에서 목욕을 하고 있습니다. 목욕을 하고 있는 돼지는 모두 몇 마리입니까?

식 ______ 답 ______ 마리

3 필통에 연필 9자루, 볼펜 9자루가 들어 있습니다. 필통 속의 연필과 볼펜은 모두 몇 자루입니까?

식 ______ 답 ______ 자루

표준완성시간 : 4분

● 정답 수 : [ ]

이름		날짜	월 일	시간	: ~ :

1 상민이는 포켓몬 스티커 8장, 디지몬 스티커 9장을 모았습니다. 상민이가 모은 스티커는 모두 몇 장입니까?

식 답 장

2 냉장고에 콜라 7병, 사이다 9병이 있습니다. 콜라와 사이다는 모두 몇 병입니까?

식 답 병

3 식탁 위에 숟가락 9개와 포크 9개가 놓여 있습니다. 식탁 위에 놓인 숟가락과 포크는 모두 몇 개입니까?

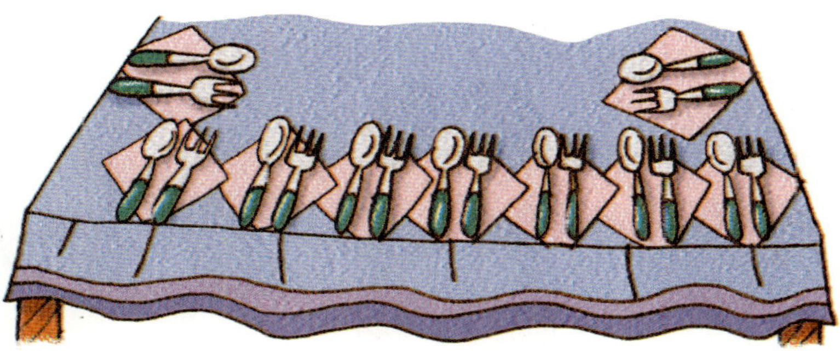

식 답 개

4분 문장제 학습 D-3

● 정답 수 : [ ]

이름		날짜	월 일	시간	: ~ :

1 해민이는 시골 할머니 댁에 가서 7일 동안 놀았습니다. 할머니 댁에서 앞으로 10일 동안 더 놀다가 집에 돌아오려고 합니다. 해민이가 할머니 댁에서 머무는 기간은 며칠입니까?

식 답 일

2 축구 시합을 하려고 천호네 반 학생 11명, 민호네 반 학생 9명이 운동장에 모였습니다. 운동장에 모인 학생은 모두 몇 명입니까?

식 답 명

3 수정이는 아빠한테 초콜릿 6개, 사탕 10개를 받았습니다. 아빠한테 받은 초콜릿과 사탕은 모두 몇 개입니까?

식 답 개

● 정답 수 : [ ]

이름		날짜	월 일	시간	: ~ :

1 환규가 지난 달에 읽은 책은 15권, 이번 달에 읽은 책은 9권입니다. 지난 달과 이번 달에 환규가 읽은 책은 모두 몇 권입니까?

식 답 권

2 올해 미연이의 나이는 7살입니다. 앞으로 10년이 지나면 미연이의 나이는 몇 살이 됩니까?

식 답 살

3 저녁때 할아버지께서 붕어빵 8개, 군고구마 9개를 사 오셨습니다. 붕어빵과 군고구마는 모두 몇 개입니까?

식 답 개

● 정답 수 : [ ]

이름		날짜	월 일	시간	: ~ :

1. 의경이는 받아쓰기 시험에서 어제는 9문제, 오늘은 10문제를 맞혔습니다. 의경이가 어제와 오늘 맞힌 문제는 모두 몇 문제입니까?

식 ____________ 답 ______ 문제

2. 늑대 나라에는 4개의 마을이 있고, 여우 나라에는 9개의 마을이 있습니다. 늑대 나라와 여우 나라의 마을은 모두 몇 개입니까?

식 ____________ 답 ______ 개

3. 식목일에 유진이는 아빠와 함께 사철나무 12그루, 소나무 9그루를 심었습니다. 모두 몇 그루의 나무를 심었습니까?

식 ____________ 답 ______ 그루

● 정답 수 : [ ]

이름		날짜	월 일	시간	: ~ :

1. 종이학을 은지는 12마리, 정희는 9마리를 접었습니다. 은지와 정희가 접은 종이학은 모두 몇 마리입니까?

식 ______ 답 ______ 마리

2. 혜정이는 바닷가로 놀러 가서 하얀색 조개 껍질 14개, 분홍색 조개 껍질 9개를 주웠습니다. 혜정이가 주운 조개 껍질은 모두 몇 개입니까?

식 ______ 답 ______ 개

3. 하늘에 파란 풍선 8개, 노란 풍선 9개가 떠 있습니다. 하늘에 떠 있는 풍선은 모두 몇 개입니까?

식 ______ 답 ______ 개

이름		날짜	월 일	시간	: ~ :

❶ 주성이는 파란 크리스마스 카드 12장, 빨간 크리스마스 카드 9장을 만들어 친구들에게 보냈습니다. 주성이가 보낸 크리스마스 카드는 모두 몇 장입니까?

식 답 장

❷ 오늘은 지수의 일곱 번째 생일입니다. 지수는 생일날 친구들에게서 공책 3권, 연필 5자루를 선물로 받았습니다. 지수가 선물로 받은 공책과 연필의 수는 몇 개입니까?

식 답 개

❸ 연희는 야채 가게에 가서 오이를 6개 산 다음 과일 가게에 들러 복숭아를 9개 샀습니다. 연희가 산 오이와 복숭아는 모두 몇 개입니까?

식 답 개

● 정답 수 : [ ]

이름		날짜	월 일	시간	: ~ :

1 금붕어 18마리가 살고 있는 연못에 잉어 9마리가 찾아왔습니다. 이 연못 속의 금붕어와 잉어는 모두 몇 마리입니까?

식 답 마리

2 민재는 동물원에서 처음으로 호랑이 3마리와 사자 9마리를 보았습니다. 민재가 본 호랑이와 사자는 모두 몇 마리입니까?

식 답 마리

3 문어의 다리는 8개이고, 오징어의 다리는 10개입니다. 문어와 오징어의 다리는 모두 몇 개입니까?

식 답 개

이름		날짜	월 일	시간	: ~ :

1 학교 뒤편 숲에는 너구리 5마리, 다람쥐 10마리가 살고 있습니다. 숲에 사는 너구리와 다람쥐는 모두 몇 마리입니까?

식 답 마리

2 현정이는 오늘 땅콩 5개와 호두과자 9개를 먹었습니다. 현정이가 오늘 먹은 땅콩과 호두과자는 모두 몇 개입니까?

식 답 개

3 지혜와 진수는 같은 아파트에 살고 있습니다. 지혜는 3층에, 진수는 지혜보다 9층 위에 살고 있습니다. 진수가 사는 곳은 몇 층입니까?

식 답 층

● 정답 수 : [ ]

이름		날짜	월 일	시간	: ~ :

❶ 기린 마을에서 타조 마을로 가려면 자전거를 타고 11km 간 뒤 걸어서 9km 더 가야 합니다. 기린 마을에서 타조 마을까지의 거리는 몇 km입니까?

식 답 km

❷ 준희네 동네 놀이터에는 단풍나무 10그루, 은행나무 9그루가 있습니다. 놀이터에 있는 나무는 모두 몇 그루입니까?

식 답 그루

❸ 전깃줄에 참새 7마리가 앉아 있습니다. 그 옆에 참새 9마리가 날아와 앉았다면 전깃줄에 앉은 참새는 모두 몇 마리입니까?

식 답 마리

이름		날짜	월 일	시간	: ~ :

1. 공원에 모인 비둘기와 참새를 세어 보니 비둘기는 21마리, 참새는 9마리였습니다. 공원에 모인 비둘기와 참새는 모두 몇 마리입니까?

식 답 마리

2. 주현이는 소풍을 가서 친구들과 사진을 찍었습니다. 석영이하고 찍은 사진이 7장, 민규하고 찍은 사진이 9장이라면 주현이는 사진을 모두 몇 장 찍었습니까?

식 답 장

3. 낚시터에서 아빠가 물고기를 13마리 잡는 동안 형은 9마리를 잡았습니다. 아빠와 형이 잡은 물고기는 모두 몇 마리입니까?

식 답 마리

13

표준완성시간 : 4분

4분 문장제 학습 D-3

● 정답 수 : [ ]

이름		날짜	월 일	시간	: ~ :

❶ 운동장에 깃발이 9개 꽂혀 있습니다. 깃발 10개를 더 꽂으면 깃발은 모두 몇 개가 됩니까?

식 ______ 답 ______ 개

❷ 교실에 책상 6개, 의자 9개가 있습니다. 책상과 의자는 모두 몇 개입니까?

식 ______ 답 ______ 개

❸ 성냥갑 속에 성냥개비가 7개 들어 있습니다. 성냥개비를 9개 더 넣으면 성냥갑 속의 성냥은 모두 몇 개가 됩니까?

식 ______ 답 ______ 개

● 정답 수 : [ ]

이름		날짜	월 일	시간	: ~ :

1 고속 국도 위의 자동차 수를 세어 보니 승용차가 8대, 트럭이 9대였습니다. 승용차와 트럭은 모두 몇 대입니까?

식 답 대

2 옷걸이에 모자 6개, 넥타이 9개가 걸려 있습니다. 옷걸이에 걸린 모자와 넥타이는 모두 몇 개입니까?

식 답 개

3 엄마는 금반지 7개, 은반지 10개를 가지고 있습니다. 엄마가 가지고 있는 반지는 모두 몇 개입니까?

식 답 개

● 정답 수 : [ ]

이름		날짜	월 일	시간	: ~ :

1 쟁반 위에 놓인 수박을 세어 보니 9조각이었습니다. 수박 10조각을 쟁반 위에 더 올려놓으면 수박은 모두 몇 조각입니까?

식 답 조각

2 민영이의 취미는 우표 모으기입니다. 지난 달에 8장, 이번 달에 9장을 모았다면 지난 달과 이번 달에 모은 우표는 모두 몇 장입니까?

식 답 장

3 찬장 안에 유리 컵 8개, 유리 접시 10개가 들어 있습니다. 찬장에 들어 있는 유리 컵과 유리 접시는 모두 몇 개입니까?

식 답 개

● 정답 수 : [ ]

이름		날짜	월 일	시간	: ~ :

1 도서관에서 장호는 책을 지난 주에 7권, 이번 주에 10권 빌렸습니다. 장호가 빌린 책은 모두 몇 권입니까?

식 ______ 답 ______ 권

2 지난 가을 효정이는 책갈피 사이에 꽃잎 6장, 단풍잎 9장을 끼워 두었습니다. 책갈피에 끼워 둔 꽃잎과 단풍잎은 모두 몇 장입니까?

식 ______ 답 ______ 장

3 키다리가 되고 싶은 난쟁이는 키 크는 우유를 마시기로 했습니다. 지난 주에 13컵, 이번 주에 9컵을 마셨다면 난쟁이가 마신 우유는 모두 몇 컵입니까?

식 ______ 답 ______ 컵

● 정답 수 : [ ]

이름		날짜	월 일	시간	: ~ :

1 어항 속에 금붕어 5마리가 있습니다. 10마리의 금붕어를 더 넣으면 어항 속의 금붕어는 모두 몇 마리가 됩니까?

식 ______________________ 답 ________ 마리

2 상자 안에 야구공 15개와 테니스공 10개를 담았습니다. 상자 안의 야구공과 테니스공은 모두 몇 개입니까?

식 ______________________ 답 ________ 개

3 은경이네 반에는 안경을 쓴 학생이 7명, 렌즈를 낀 학생이 9명 있습니다. 안경을 쓴 학생과 렌즈를 낀 학생은 모두 몇 명입니까?

식 ______________________ 답 ________ 경

이름		날짜	월 일	시간	: ~ :

1 배구는 6명이, 야구는 9명이 한 팀을 이룹니다. 배구 선수 한 팀과 야구 선수 한 팀을 더하면 모두 몇 명이 됩니다까?

식 ______________________ 답 ________ 명

2 현미의 방에는 카세트 테이프가 10개, 비디오 테이프가 9개가 있습니다. 테이프는 모두 몇 개입니까?

식 ______________________ 답 ________ 개

3 유정이는 여행 가방 안에 겉옷 11벌, 속옷 10벌을 넣었습니다. 가방 안에 넣은 옷은 모두 몇 벌입니까?

식 ______________________ 답 ________ 벌

19

표준완성시간 : 4분

4분 문장제 학습 D-3

● 정답 수 : [ ]

이름		날짜	월 일	시간	: ~ :

1 우진이는 달리기 시합에서 1등을 해서 공책을 10권 받았고, 준혁이는 2등을 해서 공책을 9권 받았습니다. 우진이와 준혁이가 받은 공책은 모두 몇 권입니까?

식 답 권

2 자전거를 타고 운동장을 한 바퀴 도는 데 혜경이는 14초, 용수는 9초가 걸렸습니다. 혜경이와 용수가 자전거를 타고 운동장을 도는 데 걸린 시간은 모두 몇 초입니까?

식 답 초

3 머리 핀을 지윤이는 5개, 소연이는 9개 가지고 있습니다. 지윤이와 소연이가 가지고 있는 머리 핀은 모두 몇 개입니까?

식 답 개

● 정답 수 : [ ]

이름		날짜	월 일	시간	: ~ :

1 어두운 방 안에서 촛불을 6개 켰을 땐 여전히 어두웠는데 10개를 더 켜자 방 안이 환하게 밝아졌습니다. 방 안을 밝혀 주고 있는 촛불은 모두 몇 개입니까?

식 ______ 답 ______ 개

2 계란 7개로 계란 프라이를, 계란 9개로 계란빵을 만들었습니다. 계란 프라이와 계란빵을 만드는 데 들어간 계란은 모두 몇 개입니까?

식 ______ 답 ______ 개

3 하루에 당근을 당나귀는 12개, 토끼는 10개 먹습니다. 당나귀와 토끼가 하루에 먹는 당근은 모두 몇 개입니까?

식 ______ 답 ______ 개

이름		날짜	월 일	시간	: ~ :

1. 자전거 가게에 세발자전거가 15대, 한발자전거가 9대 있습니다. 자전거 가게에 있는 세발자전거와 한발자전거는 모두 몇 대입니까?

식 답 대

2. 논에 모내기를 하기 위해 윗마을 청년 4명, 아랫마을 청년 10명이 모였습니다. 모내기를 하기 위해 모인 청년은 모두 몇 명입니까?

식 답 명

3. 화영이네 삼촌은 2시에 일을 하기 시작해서 9시간 동안 일을 했습니다. 일을 끝마친 시각은 몇 시입니까?

식 답 시

이름		날짜	월 일	시간	: ~ :

1 부엉이는 20m 높이로 날고 있고, 박쥐는 부엉이보다 9m 더 높은 곳에서 날아가고 있습니다. 박쥐는 몇 m 높이로 하늘을 날아가고 있습니까?

식 답 m

2 경태와 미주는 오늘 골목길에 떨어진 담배꽁초를 줍기로 했습니다. 경태는 13개, 미주는 9개를 주웠다면 경태와 미주가 주운 담배꽁초는 모두 몇 개입니까?

식 답 개

3 책장에 책이 5권 꽂혀 있습니다. 책을 10권 더 꽂으면 책은 모두 몇 권입니까?

식 답 권

이름		날짜	월 일	시간	: ~ :

1 정월 대보름날 수희는 땅콩 17개, 호두 10개를 까 먹었습니다. 수희가 까 먹은 땅콩과 호두는 모두 몇 개입니까?

식 답 개

2 복숭아와 자두 속에는 씨가 각각 1개씩 들어 있습니다. 복숭아 14개와 자두 9개에 들어 있는 씨는 모두 몇 개입니까?

식 답 개

3 바둑판 위에 흰 바둑돌 10개, 검은 바둑돌 10개가 놓여 있습니다. 바둑판 위에 놓인 바둑돌은 모두 몇 개입니까?

식 답 개

● 정답 수 : [ ]

이름		날짜	월 일	시간	: ~ :

1. 요구르트를 어제는 3개, 오늘은 5개 마셨습니다. 어제와 오늘 마신 요구르트는 모두 몇 개입니까?

식 답 개

2. 거실에 빨간 전등 10개, 파란 전등 8개가 켜져 있습니다. 거실에 켜져 있는 전등은 모두 몇 개입니까?

식 답 개

3. 충치가 희연이는 4개, 희재는 5개 있습니다. 두 사람의 충치는 모두 몇 개입니까?

식 답 개

성취도 테스트	매일 4분 트레이닝	정답 수	이 름	날 짜	시 간
	D-3			월 일	: ~ :

1 승훈이는 장난감 자동차를 9개 가지고 있습니다. 생일 선물로 3개를 더 받았다면, 승훈이가 가지고 있는 장난감 자동차는 모두 몇 개입니까?

식 ______________________ 답 ________ 개

2 길가에 튤립이 어제까지 9송이가 피었는데, 오늘 아침에 보니 4송이가 더 피었습니다. 길가에 핀 튤립은 모두 몇 송이입니까?

식 ______________________ 답 ________ 송이

3 승미는 초콜릿맛 사탕 9개, 오렌지맛 사탕 5개를 먹었습니다. 승미가 먹은 사탕은 모두 몇 개입니까?

식 답 개

4 비 오는 거리에 우산을 쓰고 가는 사람이 8명, 비를 맞으며 뛰어가는 사람이 6명입니다. 거리에 있는 사람은 모두 몇 명입니까?

식 답 명

5 아빠가 군밤을 사 오셨습니다. 10개를 먹고 6개가 남았다면, 아빠가 사 오신 군밤은 모두 몇 개입니까?

식 ______________________ 답 ________ 개

6 돼지 저금통에 100원짜리 동전이 11개, 10원짜리 동전이 9개 들어 있습니다. 돼지 저금통에 들어 있는 동전은 모두 몇 개입니까?

식 ______________________ 답 ________ 개

7 화분에 하얀색 국화꽃 15송이, 노란색 국화꽃 9송이가 피었습니다. 화분에 피어 있는 국화꽃은 모두 몇 송이입니까?

식 답 송이

8 어항에는 주황색 금붕어 16마리, 보라색 금붕어 9마리가 있습니다. 금붕어는 모두 몇 마리입니까?

식 답 마리

9 용일이는 가위로 별 17개, 꽃 9개를 오렸습니다. 용일이가 오린 별과 꽃은 모두 몇 개입니까?

식 답 개

10 희섭이는 검은 바둑돌 18개, 희진이는 흰 바둑돌 10개를 가지고 있습니다. 희섭이와 희진이가 가지고 있는 바둑돌은 모두 몇 개입니까?

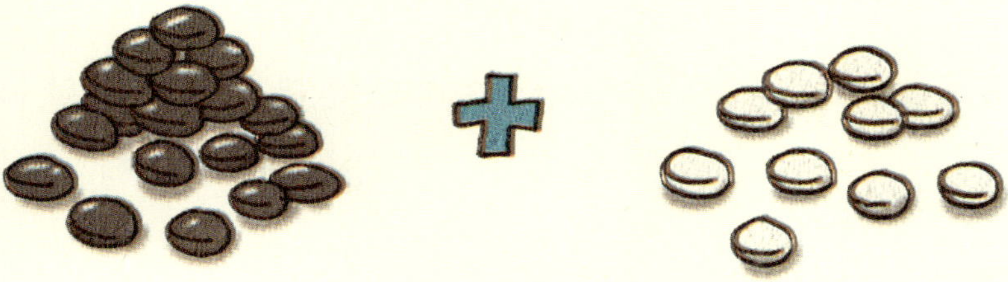

식 답 개

D-3 4분 문장제 학습 해답

1

1. 식 7+9=16 답 16
2. 식 8+9=17 답 17
3. 식 7+8=15 답 15

2

1. 식 6+9=15 답 15
2. 식 2+9=11 답 11
3. 식 9+9=18 답 18

3

1. 식 8+9=17 답 17
2. 식 7+9=16 답 16
3. 식 9+9=18 답 18

4

1. 식 7+10=17 답 17
2. 식 11+9=20 답 20
3. 식 6+10=16 답 16

5

1. 식 15+9=24 답 24
2. 식 7+10=17 답 17
3. 식 8+9=17 답 17

6

1. 식 9+10=19 답 19
2. 식 4+9=13 답 13
3. 식 12+9=21 답 21

7

1. 식 12+9=21 답 21
2. 식 14+9=23 답 23
3. 식 8+9=17 답 17

8

1. 식 12+9=21 답 21
2. 식 3+5=8 답 8
3. 식 6+9=15 답 15

9

1. 식 18+9=27 답 27
2. 식 3+9=12 답 12
3. 식 8+10=18 답 18

10

1. 식 5+10=15 답 15
2. 식 5+9=14 답 14
3. 식 3+9=12 답 12

11

1. 식 11+9=20 답 20
2. 식 10+9=19 답 19
3. 식 7+9=16 답 16

12

1. 식 21+9=30 답 30
2. 식 7+9=16 답 16
3. 식 13+9=22 답 22

13

1. 식 9+10=19 답 19
2. 식 6+9=15 답 15
3. 식 7+9=16 답 16

14

1. 식 8+9=17 답 17
2. 식 6+9=15 답 15
3. 식 7+10=17 답 17

15

1. 식 9+10=19 답 19
2. 식 8+9=17 답 17
3. 식 8+10=18 답 18

16

1. 식 7+10=17 답 17
2. 식 6+9=15 답 15
3. 식 13+9=22 답 22

17

1. 식 5+10=15 답 15
2. 식 15+10=25 답 25
3. 식 7+9=16 답 16

18

1. 식 6+9=15 답 15
2. 식 10+9=19 답 19
3. 식 11+10=21 답 21

19

1. 식 10+9=19 답 19
2. 식 14+9=23 답 23
3. 식 5+9=14 답 14

20

1. 식 6+10=16 답 16
2. 식 7+9=16 답 16
3. 식 12+10=22 답 22

21

1. 식 15+9=24 답 24
2. 식 4+10=14 답 14
3. 식 2+9=11 답 11

22

1. 식 20+9=29 답 29
2. 식 13+9=22 답 22
3. 식 5+10=15 답 15

23

1. 식 17+10=27 답 27
2. 식 14+9=23 답 23
3. 식 10+10=20 답 20

24

1. 식 3+5=8 답 8
2. 식 10+8=18 답 18
3. 식 4+5=9 답 9

성취도 테스트 해답

1. 식 9+3=12 답 12
2. 식 9+4=13 답 13
3. 식 9+5=14 답 14
4. 식 8+6=14 답 14
5. 식 10+6=16 답 16
6. 식 11+9=20 답 20
7. 식 15+9=24 답 24
8. 식 16+9=25 답 25
9. 식 17+9=26 답 26
10. 식 18+10=28 답 28

4분 문장제 학습

학부모님께서 꼭 먼저 읽어 보세요

- 4분 문장제 학습은 수학의 기본적인 지식과 기능을 습득하게 하는 연산력을 바탕으로 주변에서 일어나는 여러 상황을 수학적으로 해석하고 조작하게 하는 활동입니다. 이를 통해 수학의 필요성과 실용성 등을 인식할 수 있어 수학에 대한 자신감과 긍정적인 태도를 가질 수 있을 것입니다.

- 철저한 복습과 반복 학습. 기초를 탄탄하게 하고 성적을 올리는 데 이보다 좋은 방법은 없습니다. 자녀들이 매일 일정한 시간에 일정한 양의 문제를 풀 수 있게 해 주세요.

- 기탄수학 본문을 매일 3장(6쪽)씩 학습한 다음, 바로 **연산 학습을 적용한** 4분 문장제 학습을 1쪽(4문제)씩 풀게 하세요.

- 문제 풀이에 걸리는 시간은 한 쪽에 4분, 한 문제 당 1분이 넘지 않도록 지도해 주세요.

- 연산력 위주의 〈기탄수학〉과 사고력 · 창의력 위주의 〈기탄사고력수학〉을 병행 학습하면, 훨씬 높은 학습 효과를 거둘 수 있습니다.

- 각 집 4분 문장제 학습을 마친 후에는 성취도 테스트를, 각 단계를 마친 다음에는 종료 테스트를 실시하여 자녀들의 학습 능력을 평가해 주세요.

- 자녀가 문제를 다 풀면, 반드시 해답지를 참조하여 꼼꼼하게 채점해 주세요. 오답은 철저히 체크하여 다음에는 같은 실수를 되풀이하지 않게 해 주세요.

성취도 및 종료 테스트 학습 능력 평가표

정답 수	평 가	대 책
10~9문항	A등급 (아주 잘함)	다음 집 또는 다음 단계로 나아가기에 충분함
8~7문항	B등급 (잘 함)	실수를 줄이는 데 주력
6~5문항	C등급 (보 통)	오답을 철저히 체크, 보충
4문항 이하	D등급 (부 족 함)	기탄수학 학습 방법 준수 여부 철저 체크